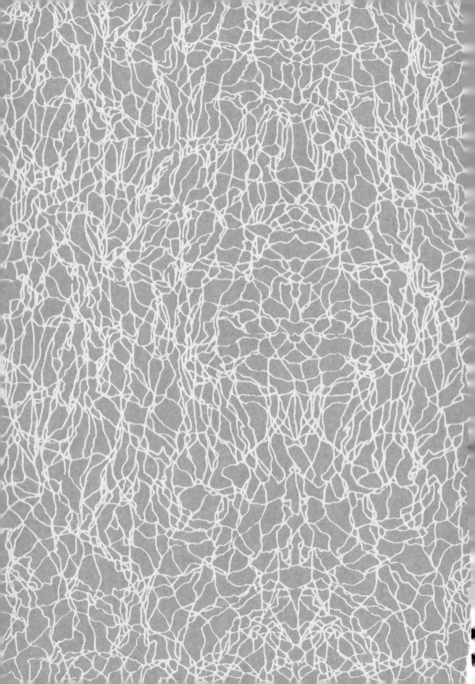

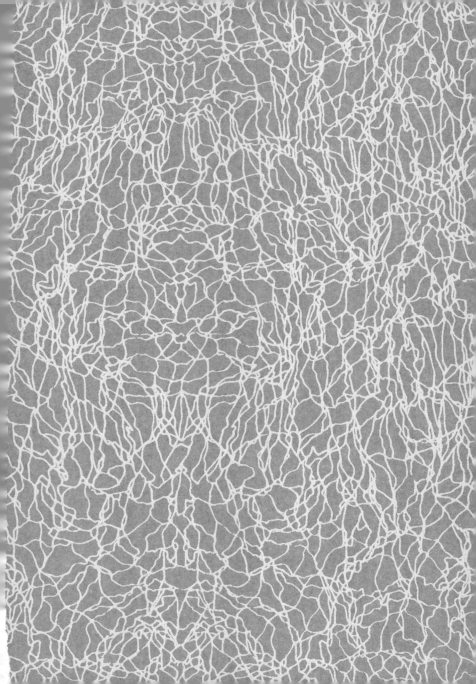

ギャヴィン・フランシス

人体の冒険者たち

解剖図に描ききれないからだの話

鎌田彷月訳
原井宏明監修

みすず書房

ADVENTURES IN HUMAN BEING

by

Gavin Francis

First published by Profile Books, London, 2015

Japanese translation rights arranged with Profile Books Limited
c/o Andrew Nurnberg Associates International Ltd, London
through Tuttle-Mori Agency, Inc., Tokyo

人生に熱中する人へ

目次

出典および訳註
図版リスト
索　引

守秘義務にかんする覚え

本書は人体についての連作で、そこでの人体は、病んでいたり健やかだったり、生きていたり死んでいたりします。医師たるもの、患者さんのからだにアクセスする特権を謹んで受けねばならないのと同じように、話に登場する患者さんとのあいだの信頼関係も謹んで守らねばなりません。二五〇〇年も昔にさえ、このような義務は認められます。ヒポクラテスの「誓い」にこうあります。「治療の機会に見聞きしたことは、他言してはならないとの信念をもって、沈黙を守ります」〔ヒポクラテス『古い医術について――他八篇』、小川政恭訳、岩波文庫〕。ひとりの著者でもある医者として、わたしは「すべき」ことについて膨大な時間をかけて検討し、患者さんの信頼を裏切らないためには何が書けて何が書けないのか熟考しました。

これから出てくるエピソードは、わたしの臨床経験をもとにしたものではありますが、登場する患者さんたちには、だれかわからないよう変装してもらっています――どんなに似たところが残っていたとしても、偶然にすぎません。信頼関係を守るのは、わたしにとって必須なこと。「信頼」とは「信じて頼る」ことです――いつかはわたしたちのだれもが患者になります。だれもが、傾聴してもらえると、自分のプライバシーを守秘してもらえると信じて、頼ることになるのです。

あの三度称えられるべきメルクリウスが、人間を、大いなる奇蹟、
創造主のごとき創造物、神々の大使と呼ぶ。万物の尺度たる
ピュタゴラス。驚異の驚異たるプラトン。……あらゆる者が、
異口同音に、人間を小宇宙もしくは小さな世界と呼ぶ。なぜなら、
人間の体は、いわば、あらゆるものの体にあるあらゆる徳と能の、
火薬庫もしくは宝庫だからであり、人間の魂は、生を営み
分別のあるあらゆるものの、強さと逞しさだからである。

――ヘルカイア・クルック『小宇宙誌』序文

プロローグ

もし人間が土、水、空気、火でできているのなら、この地球もそうである。もし人間が血の池になっているのなら……地球は血の海になっており、時を同じくして満ち引きする。
——レオナルド・ダ・ヴィンチ

子どものころは医者になるつもりはなく、地理学者になりたいと思っていました。地図や地形図は、世界を探検する手立て、風景のなかに隠れているものを明らかにしてくれるヴィジュアルですし、実用品でもあります。研究室や図書館にこもる人生を送ろうとは思っていませんでした——地図を使って人生を、人生の可能性を切り拓きたかったのです。わたしが考えていたのは、この惑星がどんなふうにまとまっているか理解して、そこでの人間性のありかについてもっともっと認識を深めたい、それと並行して、生活する術も身につけていきたい、ということでした。

大きくなるにつれ、図に落としこみたいという衝動が、外の世界から内なる世界へと移ってきました。地理の図を解剖の図と取り換えたのです。はじめこの両者は、さほど違っているようには思えませんでした。青い静脈や、赤い動脈や、黄色い神経が枝分かれしながら描く線図は、色分けされた川や、大きな幹線道路や、狭い車道を思わせました。ほかにも似たところがあります。どちらの図も、現実のわくわくする枝葉末節を略してしまい、理解の範疇《はんちゅう》におさめてしまっているのです——習得できる範疇に。

大昔の解剖学者たちは、人のからだと、わたしたちが暮らすこの惑星に、自然な相関関係を見ていました。からだは小宇宙——宇宙をうつしたミニチュア——でさえありました。人体の構造は、地球の構造を反映していました。四つの体液は、四大元素を反映していました。これには納得がいきます。わたしたちを支える骨格はカルシウム塩でできていますが、これは化学的に言って石灰岩と似ているのです。血液の川は、心臓という大きな中州に押し流されます。皮膚の表面は、起伏のある地表に似ています。

わたしの地理学への愛情は、けっして冷めることがありませんでした。医療現場での研修が楽になってくるや否や、探検を始めました。旅先で医療を行うこともありましたが、たいていは初めての土地をただ渡り歩くというものでした——さまざまな風景や人びとに触れ、地球についてできるだけ多くのことに通じるようになろう、と。そんな探検行については別の本に書いて、そこでは、そういった風景からもたらされた見識を伝えようとしたのですが、いつも仕事がわたしを人のからだに立ち返らせるのです。自分が生計を立てている方法として、わたしたちみんなが旅を始めて終える場所として。人のからだについて学ぶのは、ほかのどんなことを学ぶのとも違います。あなたが注目を集めるまさにその対象なのですし、からだを扱うことには、即時性があるのに変容をもたらす、という類例のない力もあります。

医学部を卒業したわたしは、救急医療現場での研修を望んだのですが、夜勤の仕事はすさまじく、患者さんたちとの接触はあっという間で、仕事の充実感が削がれてきました。小児科医になり、産婦人科医になり、長期入院病棟の老年科医になりました。整形外科や神経外科で研修医もつとめました。北極や南極へは遠征隊の従軍医師として赴き、アフリカやインドでは町や村の簡素な診療所で働きました。そういった立場のすべてが、人のからだを理解する道を教えてくれました。救急の現場は極端で、人命がいちばん弱っているときに最大の注意を払うのですが、年月を経てみると、医学がもたらしてくれた何より深くてためになる知識は、もっと静かな日常の診療にあったりしたのです。いまわたしは、都心の小さなクリニックで、家庭医〔担当地域の全診療科を診る総合診療医〕をしています。

文化は、わたしたちの——医者のでさえも——からだの受け止め方、からだとの付き合い方をつねに刷新していきます。患者さんたちと出会うなかでよく気づかされるのは、とびきりすばらしい人間性の物語とともびきり偉大な芸術が、先端医療と大いに相通じていたり、響き合ったりしていることです。これから始まる各章のなかでは、そういった関係をしっかり掘り下げていきます。

例を挙げましょう。顔が麻痺した患者さんを診ていると、表情がつくれないつらさのこともですが、大昔から芸術家たちを悩ませてきた、表情を正確に写しとる難しさのことも思います。乳がんからの回復について考えているあいだは、どの患者さんも回復に向き合う態度が違っているのが気になります。ホメーロスの『イーリアス』のような三〇〇〇年も昔の詩文は、当時もいまも、肩の負傷についての知見をもたらしうるものですし、幼い日に聞かされたおとぎ話は、病気や、昏睡や、身体変容といった概念を、豊かな表現で探っています。わたしたちがからだにかかわることで培ってきた慣習はすばらしく多様で、胎盤と臍帯《さいたい》の処分の方法について考えていたころ、胸を打たれたものです。苦悶と贖罪《しょくざい》にまつわる神話の数々は、世界じゅうの整形外科病棟で起こっている回復期の話と共鳴し合います。

「エッセイ」ということばは、「試行」や「企図」を意味する語源から来ていて、本書中の章それぞれに、人体のたったひとつの部分を、あまたあるうちのたったひとつの視座から探検する企図があります。人のからだは、理解の範疇におさまったためしがありません——わたしたちは数多くの部分からなっていて、たくさんの症状が、そのどの部分をも苦しめます。章立てこそ、どこかの解剖学の教科書のように、頭部から爪先までの順に並べましたが、どこから読んでいただいてもかまいません。頭部から始めて爪先に至るのが、おそらくはいちばん順当なアプローチでしょう——ごいっしょに、人体分の距離を旅してみましょう。

医療を仕事にしてきましたが、医師として働くのは、人間が経験することの総覧を見るようです——毎日のように思い知らされるのです、わたしたち一人ひとりの脆弱さと強靱さを、祝賀とともにわたしたちが内にたたえる落胆を。クリニックを開業するのは、患者さんたちの身体《しんたい》といっしょに人生の風景を眺める、冒険旅行に出かけるのになぞらえられるかもしれません。よく知っている地形《テレイン》に見えても、往々にして分け入った小道《トレイル》が開けて、日々、新たなパノラマをのぞくことになるのです。臨床医学とは、たんに患部と患者の話にまつわる旅であるだけではなく、人生の可能性の探検行でもあるのです。人間を冒険することなのです。

クリニックの朝、コーヒーが冷めていくのもかまわず、わたしはパソコン画面上の三〇人か四〇人の名前を眺めています——その日に診る患者さんたちです。多くはよく知っている名前ですが、新しくリストに加わっている名前は、うちでは初診ということです。マウスを動かしてそんな名前をクリックすると、カルテが飛び出して、いちばん上の左の隅にある生年月日が目に入ります。先週です。生後わずか数日の男の子です。きょうの出会いがカルテの一行めの記述になり、もし大事がなければ、その記述はこれから八〇年、九〇年と続いていくことになるでしょう。真っ白に近い画面が、その子のこれからの人生に拓ける可能性できらめいているようです。

待合室のドアロへ行って、その子の名前を呼びます。お母さんが胸にその赤ちゃんを抱えています。呼ばれてそうっと立ち上がります。こちらに笑顔を向け、目配せし、腕に男の子を抱えたまま、あとについて診察室に入ってきます。

「ギャヴィン・フランシスです」言いながら、かける場所を指します。「ここの医師です。どうなさいました?」

お母さんは赤ちゃんに誇らしげに、でも心配げに目をやります。わたしは、お母さんが話を切りだすのを待ちます。

脳

1　魂に神経外科手術を

われわれ人間の魂とは、斯《か》くも不思議にできあがっていて、斯くもかぼそい糸で繁栄に、あるいは破滅に、結びつけられているのです。
——メアリ・シェリー『フランケンシュタイン』[1]

はじめて脳を手にもったのは、一九歳のときだった。思ったより重くて、灰色で、引き締まっていて、実験室のように冷えていた。表面はつるんとして滑りやすく、川床から引っぱりだした、藻に覆われた石のよう。落としてしまって、このしっかりした形状が床のタイルの上で砕け散ることになるのではないか、とひやひやものだった。

医学部に入って二年めのことだ。一年めはもう大忙しで、講義に出て、図書館に行って、パーティがあって、春学期があって。ギリシャ語やラテン語の専門用語辞典に慣れるように言われ、文字どおり骨の髄まで生体を剝いでいって人体の生化学をマスターするように言われ、それといっしょに器官ひとつひとつの生理学を力学と数学の両面からマスターするように言われ。器官ひとつひとつ、といっても、脳はまだ。脳だけは二年めだったのだ。

神経解剖学実験教室は、エディンバラ中心部にあるヴィクトリア様式の医学部校舎の三階にあった。入口の上にかかる石には、こう彫ってある。

SURGERY
ANATOMY
PRACTICE OF PHYSIC

〔上から手術，解剖学，医術演習の意〕

解剖学という語に重きが置かれているのは、人体の構造の研究こそが第一義であるという宣言で、学習していくなかで携わるほかの技術——手術や投薬（「医術」）——は、副次的だということだ。

その実習室に行くには、いくつか階段を昇り、シロナガスクジラ一頭分の顎骨をくぐり、アジアゾウ二頭分の骨格をすり抜けなければならない。こういった埃っぽい遺物の壮大さ、珍品陳列棚のような奇妙さには、どこかほっとするところがあって、まるでヴィクトリア時代の蒐集家や法律書編纂者や蔵書家の友愛会に、入会を許されでもしたようだった。さらにまたいくつか階段を昇り、それからいくつか観音開きの扉を開けると、ほら、あった。脳四〇個がバケツに入っている。

講師のファンネイ・クリストマンズドティア先生はアイスランド人で、学生のサポート係も兼ねていたから、妊娠に気づいたり、試験に一度ならず落第したりすれば、会うことになる人だった。学生たち

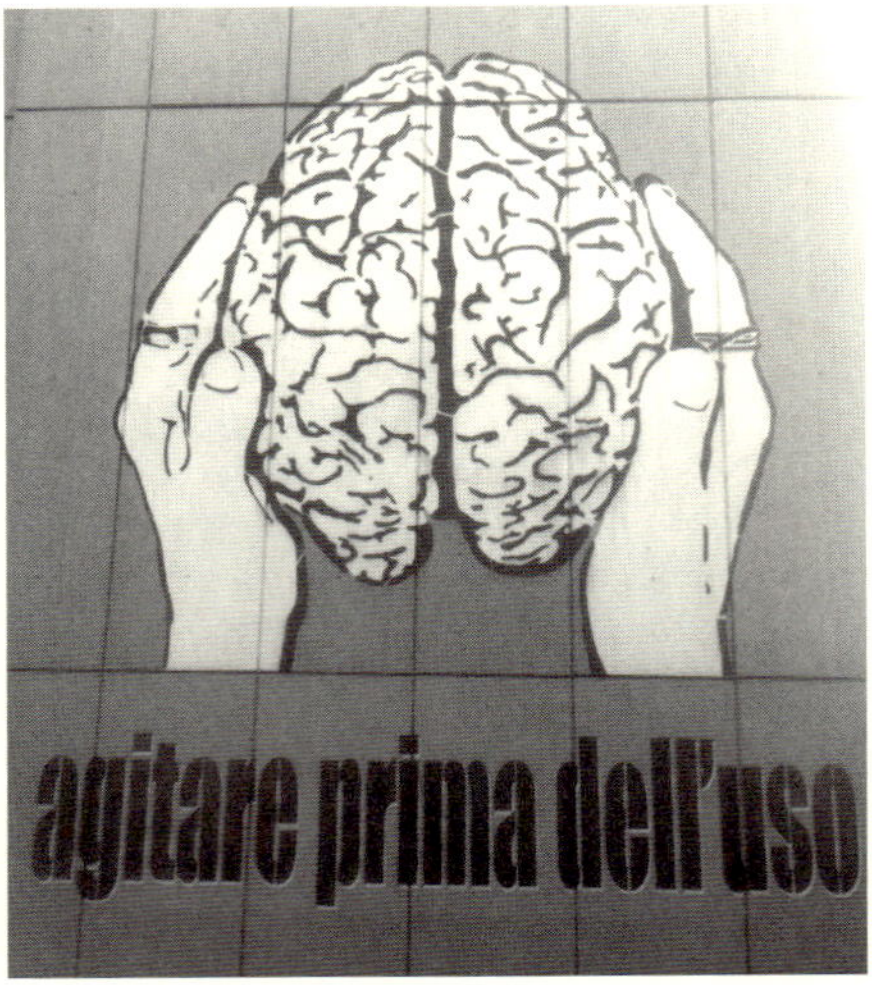

の前に立った先生は、脳の半球を掲げて、脳葉や脳溝を指し始める。横断面から見るかぎり、脳のなかは表面より白っぽくなっていた。外側はなめらかだが、内側は仕切りや節《ふし》や線維の束が複雑にこみ入っている。仕切りを「脳室」というのだが、そこはとりわけ入り組んでいて神秘的だった。

　バケツから脳をひとつ、保存液から立ち上る刺激臭に目を瞬かせながら、もち上げる。それは美しい物体だった。両手で脳を抱えながら、この物体がかつて保っていた意識に、このなかのニューロンとシナプスを通じて閃いていた感情に、思いを馳せてみる。

　解剖実習でペアを組んだのは、哲学を学んでから医学に転じた女子学生だった。「それ、貸して」そう言って、脳を手にとる。「松果体が見たいんだけどなあ」

「松果体って？」

「まさかデカルト、知らないの？　デカルトが言

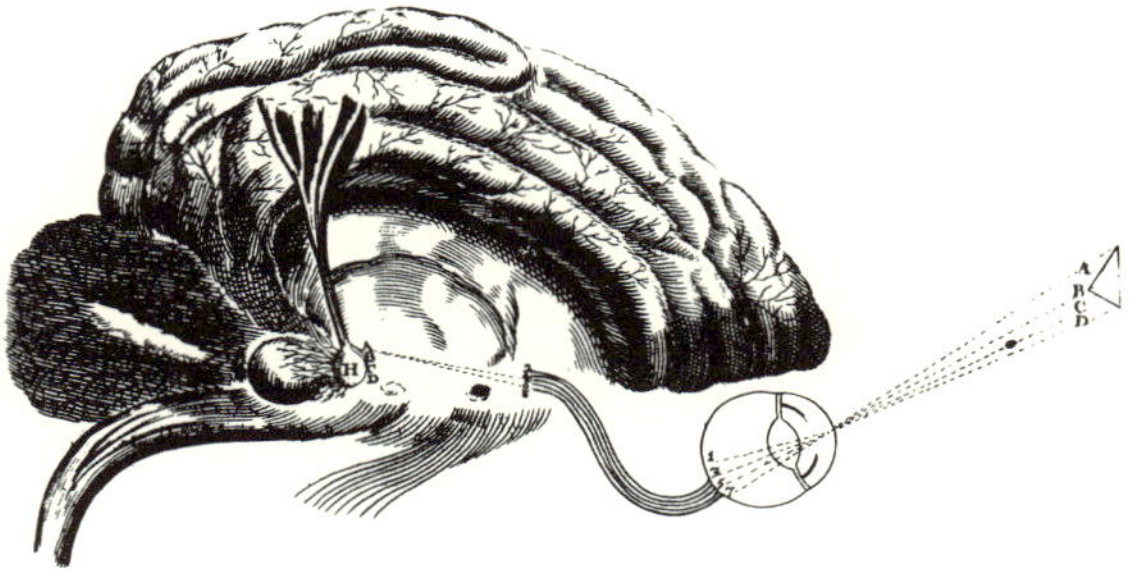

ったの、松果体は魂の座だって」

彼女はふたつの脳半球のあいだに、本のページを開きでもするように、両手の親指をあてがう。そこを走る綴じ目の真ん中に、小さな塊、灰色の豆のようなものがある。「ほら、あった」声を上げる。「魂の座」

それから何年か経ち、わたしは神経外科の研修医になって、生きている脳を日々扱うようになっていた。神経外科手術室に入るたびに畏れ多くて、自分のビニールサンダルを脱ぎたい気持ちに駆られる。音響が一役買っていた。ストレッチャーのゴトゴトいう音か、あるいは職員のひそひそいう声が、そこかしこに響いては跳ね返っている。手術室そのものは、上下ひっくり返ったボウルのような半球体、たくさんの正多面体パネルでできたドーム構造で、一九五〇年代の建築だった。冷戦期のレーダー・ドームか、ドーンレイ[2]の原子炉ドームを内側から見たら、こんな感じなのだろう。そのデザインが、当時信じられていた、テクノロジーが約束してくれる未来を、具現化しているようだった——すぐ先の未来を——貧困も病気もない未来を。

しかし、その後も病気はたくさんあった。昼も夜もなく延々と、損傷を受けた脳を相手にしているうちに、すぐにわたしもほかの人たちと同じように、打撲や出血をした器官として脳も手当てするようになった。

卒中《ストローク》の患者さんたちがいて、「茫然《ストラック》」自失して、血栓によって麻痺を起こしている。悪性の腫瘍があって、そのせいで脳がじわじわと頭蓋骨に押しつけられて、人格が壊れていっている。昏睡や緊張病《カタトニア》、自動車事故や発砲事件、動脈瘤や出血がある。感情がどうの魂がどうの、といった説をこねまわす暇などまずなかった、ある日、教授――わたしの上司――に、大事なオペなので助手に入ってくれ、と言われるまでは。

わたしが手を消毒して手術衣を着ているうちに、教授はもう仕事にかかっていた。「入って、入って」緑の布が山になった手術台のところから、目を上げて言う。「ちょうどお楽しみのところだよ」。わたしは教授と同じ格好。台の上にあるのと同じ緑の布をまとい、手術用マスクで鼻から下の顔を覆っている。照明が教授の眼鏡を輝かせる。「ちょうど頭蓋骨に窓を開けるとこなんだ」。教授は台のほうに向き直ると、向こう側にいる看護師とのおしゃべりに戻る。アメリカの戦争映画の話題だ。そして頭蓋骨に鋸《のこ》で切りこみを入れ始める。骨から煙が上がり、そのにおいがバーベキューの肉を思わせる。看護師が、切ったところに水をスプレーして、粉塵を集めながら骨が熱くならないようにする。吸引チューブも手にしていて、煙を吸いこませて、教授の視界が曇らないようにする。

片側には麻酔医が座っていて、丈の長い緑の手術衣ではなく青の上下を着ている。クロスワードパズルをやっていて、布の山の下に手を伸ばすこともある。ほかには看護師がもう二人、手術台から少し引いて立っていて、どちらも両手を後ろで組んで、小声で話している。

「あっちに回って」教授がわたしに言って、手術台の向かい側の空いたところを顎で指す。すっ飛んで位置に着くと、看護師が吸引チューブを渡してくれる。患者さん――仮にクレアと呼ぼう――とは手術前に会っていて、難治性のひどいてんかんで苦しんでいるのも知っていた。めったにない症例で、腫瘤《しゅりゅう》か外傷ができているだけでなく、組織の電気的バランスも変化をこうむっていた。構造という点では、クレアの脳は正常なのだが、機能という点では脆弱で、つねに発作を起こすか起こさないかの瀬戸際にあった。もし正常な脳活動――思考、発話、想像、知覚――が、音楽のリズムとともに脳のなかを進んでいるとしたら、脳の発作は、耳を聾する雑音の暴発になぞらえられるかもしれない。クレアはそんな発作にさんざん傷めつけられ、怯えさせられ、ハンディを負わされた末に、命がけでこの脳外科手術に臨んだのだ。

「吸引して」と教授。わたしのもっているチューブを動かして、自分の鋸の刃のほうに向くようにしてから、さらに切開を進める。「神経生理学科の先生が言うには、発作の元凶はこの真下なんだ」。あらわになった頭蓋骨を鉗子で軽く叩く。コインを陶器に落としたような音がする。「ここで発作が起こるんだよ」

「つまり、その発作の元凶を切除するんですか?」

「そう。だけど、ここは発話をつかさどってるとこのすぐそばなんだ。切ってるうちに口が利けないようにしちゃいました、では、患者さんも嬉しくないでしょ」

頭蓋骨をぐるり切り終えると、教授は小さなレバーをとり上げる。自転車のタイヤを車輪から外すのに使うレバーに似ていて、それで円形の骨をもち上げる。その骨片を看護師にわたす。「失くさないように」。できた窓は直径五センチくらいで、そこから硬膜という頭蓋骨の内側の保護層が見えている。つやがあってオパール色をしていて、ムール貝の殻の内側のよう。教授はその膜もとり除くと、現れた円盤状のものを見下ろす。ピンクがかったクリーム色で、引き潮の砂浜のようにうねがあって、紫と赤の糸のような血管で表面が網目模様になっている。その脳そのものが、ゆっくり脈打って、患者の心臓が動くたびに盛り上がったり沈んだりする。

そしてここからが、教授の言う「お楽しみ」のところ。麻酔薬の投与量が少しずつ減らされて、クレアがうめき声を上げだす。まぶたがぴくぴくしたかと思うと、開く。布がめくられ、いまや頭蓋骨に打ってあるステンレスのピンがあらわになっている。

言語聴覚士が椅子を動かして、手術台のそばに座り直し、前かがみになってクレアに顔を近づける。説明する。あなたは手術室にいます、頭は動かせません、これからカードを見せていきますから、描いてあるものの名前と何に使うかを言っていってください。うなずけないクレアが、うなるような声を出して、検査が始まる。クレアの声は力なく間延びしている――鎮静剤のせいだ。カードに描いてあるのは、子どもの絵本にあるような絵。「時計。時間を見るもの」とクレア。「鍵。ドアを開けるもの」。すぐわかるものを描いたカードがつぎつぎに示されて、クレアを初めてことばを覚えたころに戻していく。がんばってカードだけに集中していて、眉根にしわを寄せ、額に汗を光らせている。

そのあいだに、教授の手の鋸とメスは、神経刺激器具に換わっている。息を止めるや、その器具で脳の表面をそっとなぞりはじめる。こうなると、もう空元気もどこへやら、冗談や雑談もまったくなし。教授が全神経を集中させているのは、二本のピン先のあいだの二ミリだ。器具の電気刺激は最小――皮膚に当てても感じるか感じないかくらい――だが、敏感な脳の表面ではその効力は絶大になる。正常な機能を破壊するような、激しい落雷の状態を引き起こすのだ。患部は小さいが、そこに何百万何千万もの神経細胞と、その細胞どうしを接合する構造がある。

「しゃべり続けてたってことは、ここは「能弁」じゃなかったわけだ」と教授。「切除できるぞ」。そして番号のついたラベルを、極小のスタンプのように、さっき器具でなぞったばかりのところに置いていく。その番号を、看護師のひとりが注意深く書き留めているあいだに、次のラベルを置く。教授はこの作業を「マッピング」と呼ぶ。人間の脳は地図に載っていない国で、外科的発見に向かって開かれているのだ。そっとなぞってみては、番号をふり、記録をする。几帳面さ、忍耐強さを要する仕事だ。手術台のところに一六時間立ちっぱなしで、トイレにも行けず軽食もとれないまま、患者と向き合い続けることもあるという。

「バス。乗り……乗り……」

「発話の停滞です」言語聴覚士が言って、こちらを見上げる。「これならどうでしょう?」別のカードを見せる。「ナイフ。切いいい、いうう……」

「さあ、ここだ」教授が、たったいま電流が通り越したところを指して言う。「能弁なとこ」。そこにまた一枚ラベルをそっと置くと、先に進む。

わたしは能弁なところの組織をためつすがめつして、まわりの部分とどこか違って見えやしないかと考える。音にしているのは声帯と喉にせよ、ここにクレアの声の源があるのだ。発話を可能にしているのは、まさにこの場所でニューロンが行う結合と、そのときの火花がつくりだすパターンで、だからこそ、ここが神経外科学的に「能弁」になるのだ。とはいえ、この大脳皮質の一部こそがクレアが世界に向けて話す大もとだ、と示すような、目に見える特徴もきざしさえもない。

医学部の学生だったとき、神経外科の客員の先生に、脳腫瘍の切除手術のスライドを見せられたことがある。前の列のだれかが手を挙げて、繊細な作業をやっているようにはとても見えません、と感想を述べた。「脳手術っていうと、すごく緻密な作業のように思われがちだけど」と先生は答えた。「細心の注意がいることをやってるのは、形成外科手術と微小血管手術だけだよ」。そして壁のスライドを指す。映っているのは、スチールのピンや鉗子やワイヤが規則的に配された患者の頭だ。「ほかは、庭仕事にでも行く感じ」

クレアがまた眠りにつくと、その脳から教授は小さな塊——「てんかん源性脳病巣」の部分——を切除して、ゴミ箱に落とす。「いまのは何をつかさどっているところですか？」わたしは尋ねる。教授は肩をすくめる。「わかんない。能弁じゃないってことしかね」

「患者さん、気づきますかね？」

「たぶん気がつかないよ、脳のほかの部分が補うだろうしね」

手術が終わりかけるころには、クレアの脳には月のクレーターみたいな痕ができた。もう一度その脳と意識に麻酔をかけると、わたしたちは切断した静脈を焼灼《しょうしゃく》し、クレーターを液体で満たし（こうしておくと、頭の内側に気泡が残って動き回ったりしない）、きれいに縫い目をつけて硬膜を縫合する。骨の蓋をもとに戻して、チタンの網と小さなネジで留めつける。

「落とさないように」ネジを一本一本わたしてくれながら、教授が言う。「このネジ、一本五〇ポンドもするんだから」

それから、巻き上げて邪魔にならないところにクリップで留めてあった頭皮をもとに戻して、ホッチキスで固定する。

翌々日、クレアに会った。どんな感じですか。「まだ発作は起きてません」とクレア。「それにしても、もっと皮膚をマシに留めてくれればよかったのに」。唇が広がって、得意げな笑みがその顔をほころばせる。「これじゃフランケンシュタインだわ」

2　けいれんと聖性と精神医学

われわれの快楽感、喜び、笑い、戯談も、苦痛感、悲哀感、号泣も、ひとしく脳から発するということを、人々は知らねばならない。……一切これらは脳がもとになっておこる症状である。[1]

——ヒポクラテス「神聖病について」

エディンバラにある精神科病院は、壮大なお屋敷みたいなところで、市の外れの緑地公園のなかにある。そこを市当局が癲狂院《てんきょういん》として建てたのは、わたしが学ぶ二世紀前のことだった。癲狂院の建設計画は、一八世紀末に起こった——エディンバラの啓蒙時代が終わりかけたころだ——市の中心部にあったベドラム*瘋癲牢《ふうてんろう》の野蛮さと不潔さに対処した。一七七四年に、そのベドラムで、若く才能ある詩人のロバート・ファーガスンが亡くなったのを機に、アンドルー・ダンカンという地元の心優しい医師が、もっとよい収容所を造ろうと決心したのだ。新しい癲狂院は、ヨーロッパに数ある同じような収容所のなかでも、どこよりも思いやりのある、人道的な施設をめざしていた。

二〇世紀末までには、つまりわたしが行ったときには、もともとの癲狂院のおもな部分は、似つかわしくない現代建築に組みこまれてしまっていた。もう狂人はいなくて（「患者《ペイシャント》」と「来談者《クライエント》」しかいない）、ラミネート加工した地図や喫煙ブースや連絡通路があって、プラスチックの案内板にこんな文字がある。「アンドルー・ダンカン・クリニック」「精神保健診断サービス」「心的外傷後ストレス障害治療リヴァース・センター」

紹介されたのはマケンジー先生、わたしの指導を担当する精神科医で——青いツイードのスカートスーツを着たおしゃれな女性だ。先生が入院棟のひとつを案内してくれる。患者さんたちの輪に入るよう促され、喫煙室でいっしょに腰かけ、一人ひとりに入院することになったいきさつを訊いてみた。突飛な目つきで禿げ頭の、絹の服を着た外交員がいる。こう言う。家のドアぜんぶからネジをすっかり抜いちまったら、ここに入れられちゃったんだよ、ネジが「エネルギーを遮ってる」ってえのに。病棟の洗濯室の戸棚に入って震えながら、ひとりごとを言い続けている女性がいる——そこで寝ることもあるそうだ。警察に保護されてきた図書館員がいる。ベストにアスコットタイ姿で、自分はイエスの生まれ変わりだと言い張っている。それから、サイモン・エドワーズがいた。骨と皮ばかりの老人で、肌はパピルスのよう、入院させられる前は、自分のからだが中から腐っていっているとこぼしていたという。

患者さんの多くは、機会さえあれば、幕なしに話をしたが、エドワーズさんは違った。来る日も来る日も自分の病室に座りこんで押し黙り、壁を見つめたまま身じろぎもしない。重度の大うつ病性障害なのだ。食べようともせず、眠るようでもなく、ほとんど呼吸さえしていないかのようだった——そのまま痩せ細って消え入ってしまうのを望んでいるような印象だ。マケンジー先生が言う。ふつうの抗うつ

* もともとはロンドンにあったベドラム、もしくは「ベスルヘム」収容所の名前が、その後ブリテン島じゅうにできたたくさんの狂人収容所の代名詞となった。

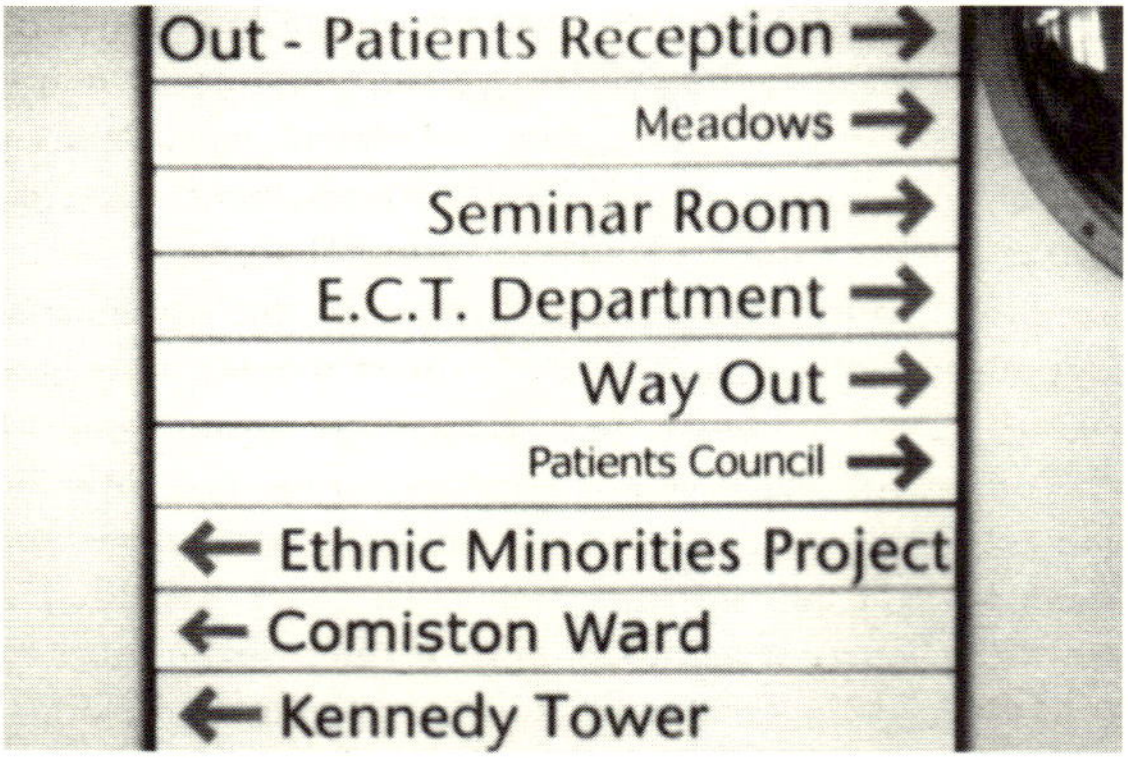

剤治療はうまくいきませんでした。エドワーズさんの体重が激減してきているので、電気けいれん療法《ECT》のコースを始めることになったんです。よかったら明日の朝、見学もできますよ。

翌日、わたしはＥＣＴ室の外で、入ったものかどうかためらっていた。ドアは開いたままで、中が見える。白塗りの壁、窓から差しこむ脱色光。床には手術室にありがちなリノリウムが敷いてあり、壁際で反り上がってゴム製の幅木まで覆っているので、埃や細菌がたまる場所はないといっていい。部屋の真ん中には鉄製のベッドがあって、アイロンのかかった白いシーツがかかっている。と、ドアがさっと開く。マケンジー先生が内側から開けたのだ。ツイードのジャケットは脱いでいて、ブラウスの両袖をきちんとまくっている。

麻酔医がベッドに背を向けて立っている。わたしが中に入ると、振り返ってあいさつしてくれる。ベッドの横の回転台には医療用モニター。トレーがあって、麻酔剤、心停止時に備えた除細動器、酸素ボンベとマスクが置いてある。どれも市街地の大病院の救急病棟ではおなじみのものばかりだが、心理学や作業療法や錠剤のほうに慣れたここの環境で見ると、ぎくりとするものがある。ＥＣＴ装置それ自体は小さな青い箱で、プラグやスイッチやいろんなケーブルがついている。計器盤に赤いＬＥＤ光が灯るようになっていて、ハリウッド映画に出てくる爆弾のタイマーのようだ。

エドワーズさんが運ばれてきて、ベッドに移される。その目は悲しみで固まってしまっているようだ。涙にうるみ、濁っている。何も言わず、ただぼんやりと天井を見ているだけで、麻酔医が静脈に注射針を刺しても、ぴくりとも動かない。エドワーズさんは自分でＥＣＴに同意できないから、精神保健法の特定の条項のもとに遇されている。* 薬剤が二種、注射される。短時間作用型の麻酔剤と筋弛緩剤で、これを打っておかないと、ＥＣＴの通電でけいれんが起こったさい、骨や筋肉を傷めるおそれがある。いったん力が抜けて麻酔が効いてくると、エドワーズさんの口にビニールの管が通されて、舌がのどに巻きこまれるのを防ぐ。呼吸は、麻酔医が酸素マスクで保つ。

マケンジー先生が、裁判官の小槌に似た円筒形の金属の電極を、エドワーズさんのこめかみに左右から押しつける。両方の電極の取っ手にあるボタンを押すと、耳元で蚊が飛んでいるような低い機械音が聞こえた気がした。エドワーズさんの顔がぶるぶるし、腕がくねり、からだがびくびくしながら揺れだす。「筋弛緩剤を打ったのに、どうしてからだを揺らすんですか？」何か問題が起こったのではないか、とわたしは訊く。

「強直間代性《きょうちょくかんたいせい》発作〔2〕なんです。じっさいほとんど動いてないほうですよ」と麻酔医。「薬を打っていな

＊　精神保健法のこういった「条項《セクションズ》」から、「措置入院《セクションド》」〔本人の同意がなくても行政の判断でとられる入院措置〕という語が生まれた。

かったら、ずっと激しかったでしょう」

二、三〇秒も経たないうちに、エドワーズさんの腕がぱたんとベッドに落ちる。麻酔医がそのからだを右側が下になるように動かし、そして、何もかもうまくいったのを確認し終えると、ストレッチャーで別室に運んでいく。

マケンジー先生は袖をもとに戻すと、ジャケットを着てボタンを留める。

「ＥＣＴについてはずいぶんと迷信があります」先生はドアに向かいながら言う。「でも、ここではいちばん安全で、場合によっては、いちばん効果の高い治療法なんです」

エドワーズさんは週二回のペースで施術を受けた。はじめはほとんど変化がなかったが、しばらく経つうちに、わたしや看護師が部屋に入っていって話しかけると、以前は硬直していた顔に表情が浮かびだした。人生にびっくりしているようで、まるで蘇らせてもらったのに半信半疑なラザロ[3]だった。二週間後には話しだした。

電気けいれん療法は、精神科でいちばん物議をかもす治療法だ——数十年前ほどは用いられていないが、いまでも重度のうつには推奨されることがある。意識のない患者のこめかみに電気を流して、てんかんに似たけいれん発作を起こさせる——ドラマティックではあるけれど、医療行為にしては震えあがる人もいる方法だ。けいれん発作は長いこと、ただごとではない身体変容と思われてきた——古代ギリシャでは「神聖病」、すなわち人間の世界と神霊の領域が直接交信している証拠とされた。発作が肉体を圧倒するように見え、何かに憑かれたか、あるいは魂が一時的に抜けたかのようだ。けいれんのあと、多くの人がしばらく静かで穏やかな状態を経験するが、これは脳がけいれん前の状態に戻っているときだ。けいれんがかつて「神聖」と考えられていたのもうなずける——人が発作を起こして倒れこみ、激しく身をよじらせ、いつの間にか寝入っているのをはじめて見たとき、わたしだって、憑依と浄化と聖別のプロセスを目撃したようだったから。

一六世紀の錬金術師にして医師のパラケルススは、てんかんを「倒れ病」と呼んだ。古代ギリシャの人びとと同じ見解で、てんかんは「霊的な病であり物質的なものではない」[1]とした。霊的な性質にもかかわらず、内科的な方法で治療できると言い張り、樟脳《しょうのう》（月桂樹の樹皮から採った刺激のある油）と金属灰と「一角獣の抽出物」を混ぜた薬を奨めた。一六世紀当時は、樟脳の摂取はけいれんを起こすことが知られていたので、パラケルススがてんかんに効くとしたのは矛盾している。

当時の大きな問題は、どうやって狂人を落ち着かせて、自分や他人を傷つけるのをやめさせるかで、パラケルススが目をつけたのが、てんかん患者が発作のあとは鎮静に向かう点だった。パラケルススの天賦の才は、このことと樟脳を結びつける。樟脳でけいれんを起こせば、激越や錯乱にとらわれた人びとは落ち着くかもしれない——記録に残っている最古のショック療法だ。[2]パラケルススの影響は、一八世紀になってさえまだ感じられる。一七〇〇年代に発表されたいくつかの論文は、樟脳が引き起こすけいれんを、狂気と執着の両方に効果があるとしている。

一九世紀のあいだに、樟脳は流行遅れになった——危険性が高すぎ、信頼性が低すぎた——が、一九三〇年代にそのコンセプトだけを復活させたのが、ハンガリーの神経学者、ラディスラス・メドゥナだ。さまざまな脳を顕微鏡で観察したメドゥナは、てんかんに苦しむ患者の脳では、「神経膠《グリア》」——脳のなかで接着の役目をする支持細胞——の密度が尋常でなく高いことに気づく。グリア細胞の増殖は、脳に傷ができていることを示す（ボクサーの脳も、この「神経膠症《グリオーシス》」を呈する）。統合失調症患者の脳はふつうよりグリア細胞の密度が低い、という報告もあり、メドゥナは両方の観察結果に関係がないか考えた。もしけいれん発作をくり返させて脳に傷ができるようにすれば、理屈からすると、狂気を抑えられるかもしれない、と（この論法からすると、メドゥナが統合失調症患者にボクシングをするよう勧めていても、おかしくなかったかもしれない）。

　メドゥナは一九三四年に、四世紀前にパラケルススがしたことを始める。樟脳を使いだしたのだ。といっても、ひどい狂乱にとらわれた患者を静かにさせるのに用いるのではなく、かわりに緊張病《カタトニア》——反応を示さなくなる昏迷——の症状が現れている患者を被験者にした。樟脳で何度かけいれんを起こさせると、たしかに反応を示すようになる患者もいた。メドゥナ本人は、「ショックを与えること」で患者が受け答えができるようになる確率、つまり成功率は五〇パーセントと断言している。[3] いっぽうで患者にとっては、樟脳は効くのが遅いし、不快だった。筋肉注射の痛みに耐えたのに、三時間経ってもまだけいれんが起きない、ということもたびたびあった。そこでメドゥナは、樟脳よりずっと効き目が早いカルジアゾールという薬に替えたのだが、今度は患者にひどい副作用が出る——こむら返りと重いパニック障害を引き起こすのだ。にもかかわらず、一九三〇年代には、ヨーロッパじゅうの精神科医が、緊張病の患者に、カルジアゾールでけいれんを起こす療法を試みることになった。

　一九三〇年代は、脳の病気にたいして見境なく実験が横行した時代だ。最初のロボトミー手術[4]が行われたいっぽうで、脳の不調と心の不調の区別が進むのを反映して、「脳神経学」と「精神医学」の分科が始まった。精神医学の分野で働いている人たちのあいだには、「からだに作用する」薬に匹敵するような何かが生まれるはずだ、という空気があり、そんななか、毎年のように新しい治療法が登場してくる。[4]

一九三四年、ローマで研究をしていたイタリア人精神科医二人——ウーゴ・チェルレッティとルシオ・ビニ——が、けいれんを起こさせるのにカルジアゾールの代わりに電気を使い、実験を始める。はじめは犬の口と肛門に電極を差しこんで通電したりした。それでは犬がしょっちゅう死ぬので、ビニは、心臓を電流が通ると心停止を招いて死なせかねない、と気づく。そこで、犬のこめかみのあいだに電流を流すことにする。ローマの屠場で、そのやりかたで豚を気絶させて処理するのを観察してのことだった。

死なせることなく人間にショックを与え、てんかんの全般発作〔後述参照〕を起こさせるのに最適な電圧値と電流値を定めるのに、このふたりの男はしばらくかかった。一九三八年になると、ムッソリーニは反体制分子を精神病患者に分類していたし、ヒトラーは、てんかんや統合失調症やアルコール依存症の人たちに不妊手術を強制していた——チェルレッティはファシスト雑誌を定期購読していた、という記録もある。こういう穏やかではない政治的背景のもと、チェルレッティとビニは最初の被験者を選ぶ。のちの資料では「S・E」となっている男性患者で、あのローマの鉄道の象徴、ローマ・テルミニ駅の構内で、幻覚を見てわめき立てていたところを拾われたのだ。

チェルレッティは声望の高い学者で、ローマ・ラ・サピエンツァ大学の精神医学研究所所長を務めていたこともあって、ECTの実験的な面を心配するあまり臨床試験は秘密裏に行った。ビニとともに製造した装置を使い、犬での実験で得た情報を応用する。S・Eは拘束され、電気ショックが与えられる——たった〇・二五秒のあいだにACの八〇ボルト。この数値ではけいれんを起こすのに失敗したので、チェルレッティが電流の継続時間を長くしようとしていたところ、S・Eがこう叫んだと言われている。「気をつけてくれ、さっきのでも危なっかしかった《ペスティフェラス》のに、二度めやったら死んじまいかねん《モーティフェラス》!」継続時間をもう二度、長くしてみた——〇・五秒間と〇・七五秒間——が、やはりうまくいかない。電圧を一一〇にまで上げてやっと電気ショックが効き、S・Eはグランド・マルという全般発作（すっかり意識を失い、長時間にわたって手足をガクガクさせる状態）を起こした。

当時の記録にはばらつきがある。その全般発作がおさまったあと、S・Eは「ぼんやりとした笑み」を浮かべて起き直り、何が起こっていたかと問われて、はっきりと「わかんない、たぶん寝てた」と答えた、となっているもの。あるいは、S・Eが流行歌を歌っただの、さらには「死について冷静なこと」を言っただの。とはいえ、すべての記録が一致しているのは、S・Eが理路整然と話すようになったということだ。その後の二カ月のあいだに、医師ふたりはS・Eにさらに一〇回の電気ショックを与え、そのやりかたを「電気ショック療法」（EST）と呼ぼうと決めた。一年後の追跡調査で、S・Eは「絶好調」と言い張っているが、妻はこう言っている。「ときどきうちの人、夜中にしゃべってんのよ、どっかからの声にでも答えてるみたいに」

何千人何万人という被験者が、S・Eに続くことになった。ほかの多くの新治療法と同じように、副作用の分析結果や具体的な治験結果もはっきり解明されないうちから、医師たちはこぞってチェルレッティの治療法の唱道者となった（ロボトミーも同じで、その犠牲になった人びとは、多くの場合は手術のあとなんの経過観察もしてもらえないまま、もといた施設に帰された)。チェルレッティとビニは、統合失調症にもECT治療を推奨したため、一〇回かそこらの電気ショックを与えるだけの治療コースが、たちまち何百何千という人たちに処方されることになった。治療対象もどんどん広がって、うつ病性障害、不安障害、強迫性障害、身体症状関連障害、物質使用障害、アルコール使用障害、摂食障害、転換性障害(解離などが見られる心身症)にまで及んだ。子どもにさえ、さらには同性愛を「治す」のにさえ処方された。アメリカでは、州立の収容所が、食事を食べきれなかった患者や威嚇的な態度を示した患者にたいする罰として、ECTを用いていたと報告している。ECTがとくに奨励されたのは、どんな抗うつ剤治療でも受けられる健康保険には入っていない患者で、それは病棟にかかる人件費の削減にもなった。鎮静剤を与えた人に何度もECTをくり返して、認知機能を新生児レベルまで落とす、という人騒がせなプログラムもあった。この目的は人の思考を「脱パターン」化することで、そうすればその人は精神病理のない「白紙状態」からまた始められる、というわけだ。このプログラムを編みだしたイーウェン・キャメロンという人物は、[5] CIAから研究助成費を受け取って「洗脳」術の開発にいそしんでいたことがのちに明らかになるが、[6] ECTはその役目を担わされていたのだ。

チェルレッティとビニが、けいれんを起こす電流の最適値を決めるのにずいぶん苦労したのは、なぜだったのだろう? 人間の頭蓋骨は電気抵抗が高く、電子機器に使われるシリコンに比べられるほどだし、グランド・マルの発作を引き起こす閾値《しきいち》は、脳と頭皮の電気的な特異性ゆえに、人によって五倍も差があるからだ。この治療法が生まれてから四〇年のあいだは、電流を流すのに使う装置も、ずいぶんとばらばらだった。正弦波交流波形の電源装置からの電流、つまり、いちばん単純な例でいうと、壁のコンセントからそのまま引いてきた電流を用いた医師もいれば、周期が短いパルス波形の直流電流を流した医師もいる。このような機器の「効率がよい」ほど、けいれんを起こすのに電力が少なくてすむのだが、精神科医たちは、ひとえにけいれんを起こさせようという理由で、あるいは効果が表れないという理由で、必要以上に電圧量を上げねば気がすまなくなるのだった。よくある副作用がけいれん後の発話困難で、脳の優位半球（ほとんどの人は左半球）が失神するためとされた。これを避けようと、右半球だけに電気を流す試み（「片側性ＥＣＴ」）が行われたが、やはり必要以上に電流を流さなければ、治療はさほど功を奏さなかった。けいれんそのものばかりか、電流の通り道までもが、患者の精神状態に影響しているかのように。

神経科学者が脳の機能を調べるのに、脳電図（ＥＥＧ）を使うことがある。頭皮の表面を計測して、脳の電気出力の小さな変化をグラフに描いてゆく装置だ。ニューロンの繊細な機能をＥＥＧから理解しようとするのは、都市の上を爆撃機で飛びながら、その都市のなかの交友関係を見つけるくらい精度を要することなのだが、それでも航空写真のように、ＥＥＧのもたらす情報は役に立つ。けいれんを起こしているあいだ、脳細胞間のネットワークは、目が回るほど支離滅裂な狂騒状態になる。ゆるやかに蛇行しながら休んでいるようなＥＥＧの波形が、とつぜん変貌して激しくギザギザした線になって、まるで大火災の炎が巻き起こす旋風が脳じゅうを吹き殴っているようだ。

通常のＥＣＴコース（英国とアメリカでは、施術はたった六回から一二回）では、施術のたびに脳波はゆるやかになっていき、けいれんを起こすのに必要な電流と電圧は上がっていく。ニューロン結合には、

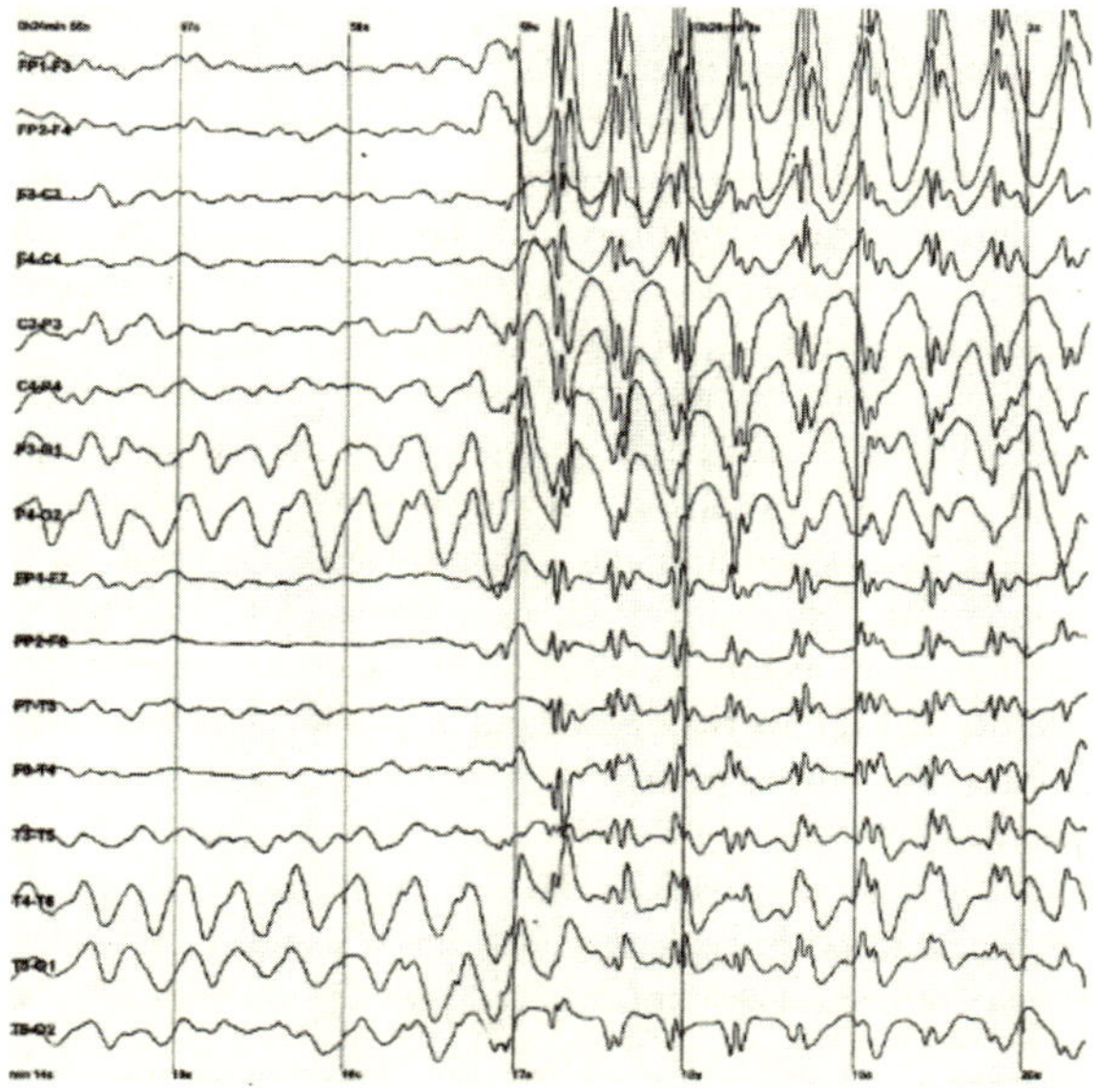

シナプスというごくごく狭い隙間があり、ここで神経伝達物質という小さな小さな化学物質をやりとりして、ニューロンどうしはコミュニケーションを図っている。動物での研究によると、ECTコースが進むにつれて、ニューロンはけいれんを抑える神経伝達物質に反応しやすくなり、発作を起こしやすくする物質には耐性を示すようになる。まるで脳が、みずから内部の化学環境を変えて、それ以上のけいれんを起こりにくくしているかのようだ。この脳の化学変化で、精神面でも感情面でも経験するようになる変化は、ほとんど解明されてはいないものの、確実に再現できる。

どうして脳の電気の状態を変えると、極端な精神的苦痛が和らぐことがあるのだろうか？　流す電気そのものに効果があるのか、けいれんによって起こった神経伝達物質の変化のためか、それとも治療を受ける環境のおかげだろうか？　ＥＣＴは記憶にかかわるニューロン結合を妨げることがあり、施術前後の記憶は失われることがある。精神科医のなかには、記憶の消失そのものにいくらかはＥＣＴの有用性がある、とする向きもある[7]（そして患者のなかにも、ＥＣＴの目的は悪い記憶を消すこと、と信じこんで治療に臨む人がいる）。いっぽうで、脳のなかで特定の神経伝達物質のレベルが上がることに、明らかな抗うつ効果がある、とする向きもある。フロイト風に考える人のなかには、ＥＣＴという治療そのものの激しさに、強い罪悪感を打ち消す贖罪《しょくざい》効果がある、という説を唱えだす向きさえある——古代ギリシャ人と大差ない。

まるでパラケルススに逆戻りしたみたいだ。けいれんは霊的なものとの交感の手段で、それを電気で引き起こせば、異界への近道になる、というわけだ。

チェルレッティがひっそりとＥＣＴ実験を行ってから八〇年以上が経ったが、この治療法を声高に批判する人は、いまだに秘密裏に行われている——現代の医療行為というよりは、いまだに秘儀になっている——と懸念を表明し続けている。相変わらず人騒がせではあるが、ＥＣＴの技術はもはや陰惨でも不快でもなく、完全に受け入れられている内科的、外科的処置となんら変わりがない。たとえば、医師が出血している静脈を焼灼《しょうしゃく》しても、だれも抗議したりはしないが、それは焼灼が、不安になるようなけいれんへと変貌しないからにすぎない。

ここ数年、スコットランドの精神科医は、ＥＣＴが伝統的に秘密主義のもとに実施されてきたことにたいする反省から、国内でＥＣＴを受けたどんな患者の体験であれ、検討、審査、評価できるオープン・ネットワークを確立してきた。スコットランドECT認定ネットワーク（SEAN）では、二〇〇九年以来、ECTを実施している国内の全病院、全クリニックの臨床記録を、患者の名前がわからないようにして、年に一度オンライン・レポートのかたちで公開している。SEANに名を連ねる精神科医は、ECTを隠し立てしたり、烙印を押されるがままにしたり、闇に包まれたままにしたいとは考えない――自分たちの仕事を公に監査されてもいいように開示し、それに従えばほかの診療科の医師でもECTが行えるようにしている。

一般の人びとが思い描くECTのイメージは、文学によっても暗いものにされてきた。ケン・キージーの『カッコーの巣の上で』では拷問器具だし、シルヴィア・プラスの『ベル・ジャー』でも、恐怖か神秘でしかない――患者にかまわない医師が行う場合は恐怖をもたらし、思いやりのある医師が施術する場合は神秘だ。プラスにとってECTは、聖性と冒瀆性、懲罰と治癒を併せもつものだ――『ベル・ジャー』の主人公にとっても、堕落と贖罪の両方の力をもっている。*注目すべきは、文学がECTをやたらとネガティヴに描く場合はまず、施術のシーンで鎮静剤も麻酔剤も投与されていない点だ――現代の患者が体験することは、ほとんどの人にとって、ずっとずっと穏やかだ。

メンタルヘルスにあっては、ほかのもっと「からだ寄りの」診療科より、何をもって回復とするのかがわかりにくい――回復というコンセプトそのものが不安定だし、回復しているかどうかは、それを尋ねたのがだれかによっても答えが変わる。サイモン・エドワーズがしゃべりだしたとき、話は病院のな

＊ とりわけシルヴィア・プラスの詩「吊るされた男」（『シルヴィア・プラス詩集』徳永暢三編・訳、小沢書店所収）を参照。

かのこと——食事やベッドや、どれほどよく眠れたか——だけだった。それがだんだん、自分の人生の細かいことや、うつ傾向が出てきた経緯になってきた。「ずいぶん時間をかけてそうなったんです」エドワーズさんは言う。「長いこと、どこか悪いなんて、自分でも気づいちゃいなかったように思うなあ。からだが重くなってくる感じでした、息が詰まってくるというか、靄《もや》がかかってくるというか」。ＥＣＴ治療を始めて三週間で、体重が増えてきた。「何が変わりましたか?」とわたし。「どう違うようにお感じになりますか?」

「ほとんど動けなかったときは」とエドワーズさん。「それはもう重いものがのしかかっている感じでした。いまはその重さと自分のあいだに隙間ができた感じです、何もない隙間が」。エドワーズさんはＥＣＴ治療が始まった前後の記憶をすっかり失っていて、初めてわたしと会ったときのことも思い出せない。けれども、もう自分が中から腐っていっているという思いに苛まれてはいない。治療開始から一カ月も経たないうちに、退院の準備が整った。

病院での最後の朝を迎えたエドワーズさんに、お別れを言いに行く。奥さんが来ていて、ジャケットを着せながら、襟のところを気にしている。

「いいから」気ぜわしそうにエドワーズさん。「自分でやるって」

「この人がどこにいたかもわからないんですが」奥さんが言う。「とにかく戻ってきてくれてよかった」

ＥＣＴについて人に話しだすと、エドワーズさんと同じような例をどんどん耳にするようになった。どんなにうちのおばあちゃんがよくなったかしら。おかげでおじが命拾いしたったら。ＥＣＴは強力な治療法だ——社会的にも、心理学的にも、神経学的にも。錯乱や記憶欠損、思考の一貫性の障害は起こりうる。しかし、そもそもが耐えがたいほどいつもめちゃくちゃに悲惨な気持ちの人にとっては、思考の一貫性の障害は、ひょっとしたら救いのように感じられるかもしれないのだ。

ＥＣＴがもっとも役に立つのは、大うつ病性障害の患者にとってで、どこかに「妄想めいた」ところ(自分が中から腐っていっている、といった、断じて事実ではないことを信じていたり)か、「呆けた」ところ(黙って座ったまま壁を見つめていたり)がある場合だ——エドワーズさんは、まさに効果が表れやすいグループにいたわけだ。ＥＣＴがさほど効かないのは、悲惨な気持ちが、ほかの抑うつ気分のどれかに該当する場合で、その分類名のリストはどんどん伸びている(この本を書いている時点で、二〇か三〇の項目名が、国際疾病分類のファイル番号三二～三九に記載されている)。ルーシー・タロン[5]は、一〇年以上も反復性の抑うつエピソードに悩まされてきた女性だが、ＥＣＴの効果がどんなに「奇蹟的」かを——魂の浄化体験になぞらえながら——書いている。[8] その立場を裏打ちすべく、やはりＥＣＴ治療を奨めてきた故キャリー・フィッシャー[6]の著作から引用して、こう言っている。[9]「うつに穴を開けてくれて、暗いながら光が入ってきた」

とはいえ、出版物に載っているＥＣＴのどんなポジティヴな体験にも、ネガティヴな面が二、三はあるようだ。それに、重度の大うつ病性障害の人びと——いちばんＥＣＴが効きやすい人びと——ほど、そういった体験談と共通点がなさそうなのだ。そして、プラスが『ベル・ジャー』でこだわったように、医師が患者に話しかける態度が——どんなに思いやって、親身になって、支えになっていようとも——からだに直接およぶ治療法と同じくらい、患者の回復に大きく影響する。この点から、精神科分野の調査でとみに認められるようになったのは、大きな違いを生むのは治療ではなく、治療者だということだ。精神医学のほかの多くの例にたがわず、フロイトが最初にこの域に達している。「あらゆる医師は、あなたがたも含めて、いつでも心理療法を行っている。そのつもりがなくても、それと気づいていなくても」[10]。けいれんそのものには、神聖なところはまるでないが、医師と患者の良好な関係にこそ、どこか神聖なところがあるのかもしれない。

頭部

3 目

視覚のルネサンス

私に起きたあらゆることの中で、一番重要でないのは、盲目になったことだ。
――ジェイムズ・ジョイス、J・L・ボルヘスによる引用[1]

エディンバラにあるうちの診療所には、東向きの大きな窓があり、ほとんど一年じゅう患者さんを自然光のもとで診ている。例外は、患者さんが視力の低下を訴えているときで、目を検眼鏡でのぞく必要がある。そうなると、ブラインドを閉め、真っ暗ななか勘を頼りに進み、両手を差し出し、患者さんが座っている椅子のほうまで戻らないといけない。検眼鏡が小さな開口部《アパーチャー》から光線を照射すると、わたしはその検眼鏡を自分の目につけて、そのまま患者さんの目から数ミリのところまで近づく。これほど近づく検査もなかなかない。頬と頬が触れ合うのはしょっちゅうで、いつも慎ましく、おたがいが息を殺すことになる。

人の眼球内部の像を、ちょうどうまいこと自分の眼球内部に投影するというのは、あるいは水晶体をつくっている物質を通して、網膜が網膜を検査しているというのは、落ち着かない体験だ。さらには、わけがわからなくなる。検眼鏡の光軸を見つめるのは、単眼鏡で夜空を見上げるのに似ている。網膜の

中央にある静脈が詰まっていれば、そのせいで大出血が起こって真っ赤に見えて、教科書はこれを「燃え立つような夕陽」と書いている。糖尿病のせいで網膜に白いまだら模様が見えることがあり、これは綿雲を思わせる。高血圧の患者さんの網膜動脈が、枝分かれして銀色を帯びているようすは、空を走る稲妻みたいだ。初めて患者さんの眼球の湾曲を見たときには、中世の天体図を思い出した。あの、ボウルを逆さにしたかっこうで天体を描いた図だ。

古代ギリシャの人びとの考えによると、目が見えるのは、目のなかに神の火が宿っているからだった——水晶体が伝達装置のような役目をして、外界にエネルギーを放っているというのだ。火《ひ》灯《あか》りが目に映ってきらきらするようすが、この説を裏づけるとされ、二五〇〇年ほど前、ギリシャの詩人で哲学者でもあるエンペドクレスが支持した。目を月や太陽にたとえた詩文のなかで、エンペドクレスはこう書いている。「人が出かけようとして、光を用意しようと炎が燃え盛るほどに火を熾《おこ》すのは……

火が太古の昔、目のなかの円い瞳孔に隠れていたからである」[1]

二世紀後、プラトンも同じことを考えたが、アリストテレスは、光は天上にあろうと地上にあろうと同じ法則に従う点で独特のものだ、と考えており、エンペドクレスやプラトンの説に疑問をもち始める——もしわたしたちの目が外界に光をまとわせているなら、どうして暗闇でものが見えないのか？　一三世紀になって、イギリスの哲学者ロジャー・ベイコンが、折衷案を出す。魂が水晶体を通して投影されるので、見ることはまわりのものを「気高くする」が、逆にまわりのもの自体は、そのまま目に投影される、と。

一七世紀までには、こういった古色蒼然とした考え方は衰退する。天文学者は、まさに光について解明し理解するのが仕事なわけだが、星についてより深く知ろうと目のなかを覗きこんだ。まず、天文学者で神秘主義者でもあったヨハネス・ケプラーが、外界のものの像が上下前後に反転して網膜に映るわけを、初めて著した。アイザック・ニュートンは、太陽のまわりの惑星の動きを解き明かそうとしていた当時、自分の見る力が信頼できるかどうか確かめようと、ドラマティックなことを実行した。先の丸い長い針（「千枚通し」）を、自分の眼窩《がんか》、つまり顔骨と眼球のあいだに差しこんでぐりぐりと動かし、視界が大きく歪むことを記したのだ。見ることについての理解は、ニュートン以降はさほど深まらなかったが、二〇世紀になって、アインシュタインの量子論と相対性理論が、光の働きについて、再度わたしたちの考えを改めさせることになる。

あなたが本書を日なたに腰かけて読んでいるとすると、網膜に入ってくる陽射しの光量子は、ちょうど八・五分前に、太陽核の核融合で生まれている。五分前には、水星の軌道を猛スピードで通り過ぎ、二・五分前には金星を追い越している。地球に当たらなかったら、四分経たないうちに火星の軌道を過ぎて、ちょうど一時間経ったあとに土星に到る。この宇宙横断旅行のあと、時刻は同じまま（というのは、アインシュタインの計算によれば、光速で動けば時間は停止したままなので）、太陽の白色光がわたしたちの外界を包み、砕け散って色とりどりのかけらになる。このかけらが、角膜と水晶体から目に注ぎこみ、網膜というセーフティネットにつかまる。このときの衝撃エネルギーが、網膜中のタンパク質を曲げ、連鎖反応を起こし、じゅうぶんな量のタンパク質がたわんだら、網膜神経の一本に火がついて、一条の閃光を知覚することになる。

わたしたちは口のなかのものを味わい、手の届くものに触れ、半径数百メートル内のものを嗅ぎつけ、半径数百マイル内のものを聞きつける。しかし、太陽や星とコミュニケーションをとるのは、視覚だけだ。

ホルヘ・ルイス・ボルヘスの『幻獣辞典』の初版が刊行されたのは、ボルヘスが失明という「ゆるやかな黄昏《たそがれ》」〔2〕に屈した二年後、生まれたときから白内障と網膜剥離の合併症に苦しんできた末のことだった。わたしには検眼鏡で診る機会があったわけではない。が、ボルヘスの網膜がつくりなす半球は崩れ、水晶体のなかにできている白内障の濁りが、視界をぼやけさせていたことだろう。

『幻獣辞典』は、まるまる一ページを「球体の動物」の論議に割いている。なかでも卓抜だとボルヘスが思ったのは、地球そのものだ。地球を生きものだと考えた人たちには、プラトンにジョルダーノ・ブルーノ、ケプラー本人など、各分野の著名人が揃っている。ボルヘスはケプラーを引用して、ケプラ

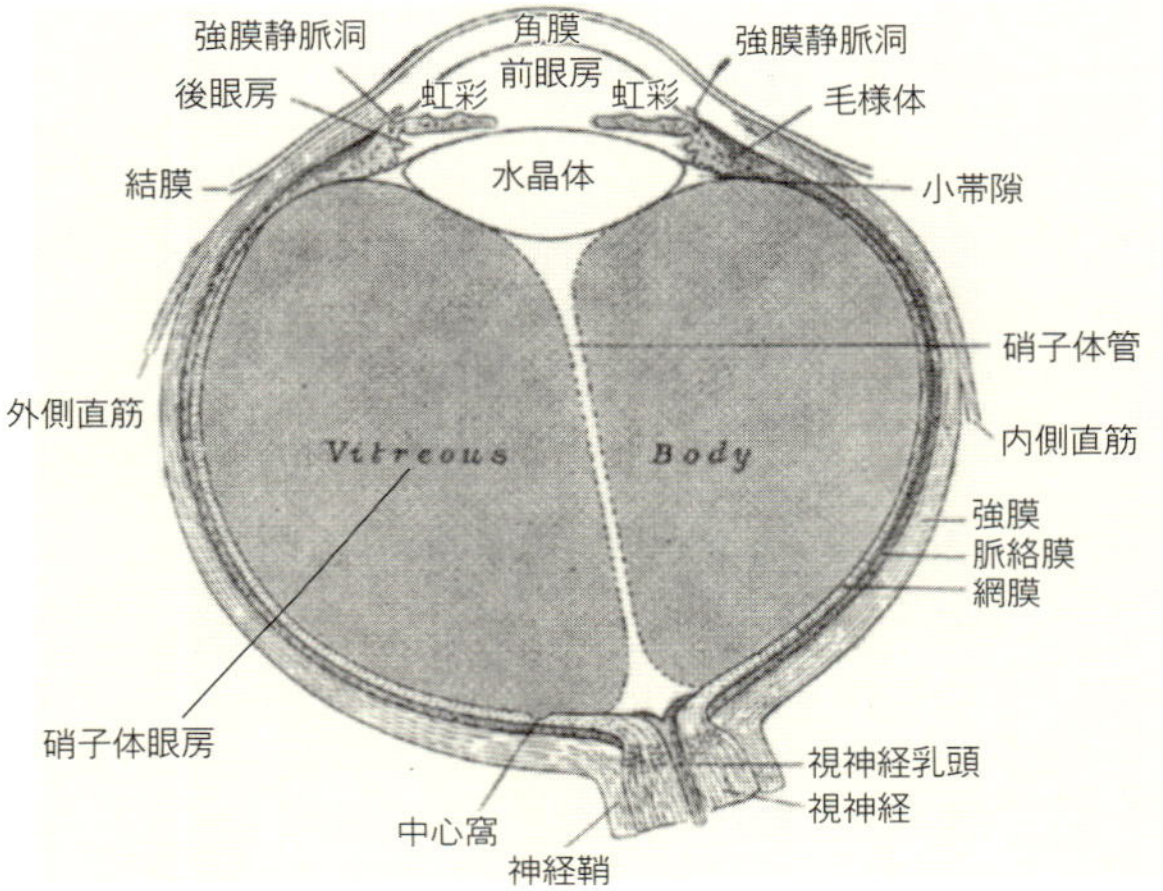

ーの想像では地球は巨大な天体で、「眠っているときと目覚めているときとで変化するその鯨《くじら》のごとき呼吸によって、潮の満干《みちひ》を引き起こす〔3〕」と言い、球体は何よりも無駄がなく、何よりも美しく、何よりも形が整っている、それは表面上のいかなる点も中心から等距離にあるからだ、と述べている。視力を失ったボルヘスが感じた悲しみがふと仄見えるのは、地球の丸い形が人間の目を思い起こす、と指摘するときだ――「肉体の最も高尚な器官」と――まるでわたしたちの目が、ミニチュアの天体そのものでもあるように。

　わたしが眼科学を教わったのは、ヘクター・チャウラという、不思議な魅力が交錯する名前の天才外科医だ。眼科医は眼球を「球」と言うが、じっさいには惑星というより深いブランデーグラスのようだ、*と指摘すると、喜んでくれた。グラスの脚の部分、つまり視神経は、深く暗い奥のところで脳に繋がっていて、カップの内側の部分は、感光性の神経線維が覆っている――これが網膜だ。チャウラ先生が配ってくれたプリントでは、水晶体と虹彩と角膜は、グラスにのせた蓋みたいだ。

多くの医療従事者にとって、眼科学は錬金術と同じくらい神秘に包まれているように思えるのだが、チャウラ先生は、目をどうやって診断すればいいか、簡潔明瞭に教えてくれた。「眼科学は、神秘主義と一日四回の点眼がいっしょになったもの、と思われがちです」と先生。「目は、閉じていればこのうえなく幸せなのに、用があるたびに開けないといけません」。ニュートンやケプラーのように、先生もまた天文学にたとえて、目の機能を説明した。「無限の宇宙から届く平行な光線が、苦もなく黄斑に集まるのは、凸面レンズが日光を集めて、紙を焦がすようなものです」。前眼房の深さを知るのに、先生は「食テスト」をしなさい、とアドバイスをくれた。虹彩の膨らみを明らかにするのに、横から懐中電灯で照らす方法で、横から太陽に照らされれば、月の湾曲がわかるのとちょうど同じだ。

ボルヘスは、富と貴族らしい感性を母親から受け継いだが、文学にたいする愛情と、それから失明は、父親と父方の祖母から来ている。ボルヘス家の失明の原因については、眼科医のあいだでも意見が分かれるところだが、緑内障——目のなかの液体の圧力が病的に高まること——がひとつの前触れとなって、白内障に罹ったようだ。[2]

シェイクスピアが盲人の世界を暗闇として描いたのは、ボルヘスによれば、あまり正確ではない。ボルヘスの視界は黒く陰ったのではなく、緑の霧が立ちこめるようになったのだった。ボルヘスは、ミル

＊　正球をしている天体も、ないに等しい。地球は、極に近づくほど平たくなった「回転楕円体」だ。月も球ではない。角膜が目から突き出るのと同じように、月も地球に向かって突き出ている。

トンのもっと繊細な描写のほうを好んだ。ミルトンは、王政に反対するパンフレットを書いているうちに失明し、「暗く広い世界」[4]で、盲人がいかにおそるおそる両手を差し伸べて歩かざるをえないかを伝えた。ボルヘスも、ミルトンが詩作をしたのと同じ方法で、つまり記憶に頼って――のちにボルヘス本人も、そのほかに術がなくなるのだが――「十一音節からなる無韻の詩行を四十も五十も」いちどきに創作して、訪問客があるたびに口述筆記してもらっていた。アルゼンチン国立図書館の館長職に就いたその年に失明したのは、皮肉すぎる。一〇〇万冊もの書物の迷宮を逍遥しながら、読めなかったのだから。

　写真で見るボルヘスは極端な斜視で、片方の目で世界を注視しながら、もう片方の目で星の大平原で起こるできごとの証人になっていたかのようだ。視力が落ちてくるいっぽうで、違うペースではあるが、色覚も失っていった。まず消えたのは赤で、これが何よりつらくてたまらなかった――エッセイ「盲目について」には、赤を表すことばがボルヘスの知る言語で列挙してある。「ドイツ語のシャルラッハ *Scharlach*、英語のスカーレット *scarlet*、スペイン語のエスカルラータ *escarlata*、フランス語のエカルラート *écarlate*」[3]。青と緑は溶け合うようになり、黄色だけが「常に忠実」に残った。黄金の残影の黄色に、夢でうなされた。パレルモの動物園で虎の檻を見てから五〇年経って、『群虎黄金』という詩集を書いて失明を嘆いたが、ボルヘスの書いたもののそこかしこに、失明を甘受していったのが示される。詩「ある盲人」では、ミルトンを言い換えてこう書いている。「ただ事物の空疎なうわべを／失っただけだと私は繰り返す」[5]

　目が見えなくなりだして変わったところはあったかもしれないが、たとえ視力を失った哀しみに打ちひしがれてはいても、ボルヘスには夢中になるものがあった。曰く「ひとりの人間の生涯という枠あるいは世代という枠を明らかに越えているその文学」[6]――英文学だ。ボルヘスが英語のルーツにあたる二つの言語、アングロ＝サクソン語と古ノルド語の勉強を始めたのは、失明してからだった。ブエノスアイレスにある国立図書館の館長室で、まわりに学生たちを集めて、中世ヨーロッパの古典の読書会をする。『ベーオウルフ』『モールドンの戦い』『スノッリのエッダ』『ヴォルスング・サガ』。「それぞれの単語をまるで掘り出した魔除けのように感じていた」と、ボルヘスは書いている。「ほとんど酔い痴れてしまいました」。暗闇のなかでこそ星座が見えるように、視力のゆるやかな黄昏を経てこそ、まだ探検すべき文学がたくさんあると明らかになったのだ。

医学部の指導教官に、わたしに眼科医の道を勧める先生がいた。本人は目が専門ではない――小児がんの治療現場にいる人だ。こう言っていた。最高の化学療法と放射線療法を尽くしても、生存率が五〇パーセントに満たない患者さんがいるんだよ。思いやりも、実力も、責任も、情熱もある先生なのに、子どもを亡くした親がだれかのせいにしたければ、訴えられるのはその先生なのだ。「いっつもだよ」研究室で新しく届いた訴状を読みかけにして、わたしに言ったことがある。「みんな悲しくてどうにもならなくなっちゃうんだよな。そうそう、きみの進路だけど……眼科は考えてみたことある？」訴状をポンと机に置いた先生の表情をうかがうと、疲労困憊の色が一瞬消えた。「眼科がどんなにいいか考えてごらん」表情が明るくなる。「患者さんに視力っていう贈りものをあげられるんだ！」ほとんどの眼科医は、毎週のように時間を割いては、白内障の除去手術をして視力を回復させている。「患者さんがどんなに喜ぶか考えてみて」先生は重ねて言った。

「白内障《キャタラクト》」という言葉は、ギリシャ語のカタラクテスから来ていて、「滝」または「落とし格子」――視界を遮るものを意味する。白内障は水晶体の混濁で進行し、二〇〇〇年以上にわたって外科的処置がとられてきた。角膜を切開して、濁った水晶体を視線の先からずらす方法や器具が、インドや中国やギリシャで、考古学者と歴史学者に発掘されている。水晶体がずれると視野が狭くなり、かすんだような見え方しかしなくなるが、一七世紀には、この水晶体ずらし（「カウチング法」）が、西洋ではかなり一般的な手術になっていた。一七二二年に、サンティーヴという名のフランス人が、白内障の位置を眼球の奥へずらすのではなく、うまくきれいに除去した。そこに多少改良を加えただけで、こんにちのわたしたちの白内障手術に至っている。

かつての白内障手術は、患者の側にとんでもない自制心を求めたものだった。眼球が切り開かれて水晶体が抉《えぐ》り取られるあいだ、刺すようなひどい痛みに耐えながらも、頭と目は動かさないようにしていなければならなかったのだ。点眼麻酔薬や調節麻痺剤のおかげで、もうそんな忍耐もいらない。同僚が白内障手術の執刀をするのを見学したことがあるが、患者さんはくつろいで仰向けになり、星でも眺めるように手術室の照明を見上げていた。「何が見えますか？」目を切開されようとしている患者さんに尋ねてみた。「ただの模様です」と患者さん。「ただ光と影が動いているだけ。けっこうきれいです」

点眼薬で患者さんの目の感覚をなくすと、同僚は、その目の上下のまぶたのところに針金を円くした小さな開創器を取りつけ、目を大きく見開かせる。眼科医は、外科医のなかでもいちばん器用でないといけない――手が震えるようでは、水晶体を扱うのに必要な細かな作業がうまくできない。幅が数ミリしかないこてのような極小のメスで、角膜の端に刺入創をつくると、角膜と水晶体の隙間をゼリー状の合成物質で満たし、内圧を保つ。白内障を処理する器具を挿入するために、角膜周縁のさっきとは離れたところに、もうひとつ切りこみを入れ、最初のほうの刺入創から「水晶体乳化装置」を入れる。この装置は一秒間に四〇〇〇回、液体を噴出しては吸引する。その振動の衝撃で、白内障の「落とし格子」を壊し、同時にそのかけらを吸いこむのだ。残った皮質の微細な屑を吸いとると、ほんのしばらくのあいだ目から水晶体がなくなるが、それも医師が代わりを準備するまでだ。

人工の水晶体は、患者の目の処方どおりにカスタマイズできるようになっている。患者が起きたときには、また目が見えるようになっているばかりか、眼鏡の必要もほとんどなくなっているのだ。人工の水晶体は、薄くてしなやかなシリコンかアクリル*で、虹彩の裏側に入れるが、ごく小さな筋交いがついていて水晶体を支えるので、縫合の必要がない。眼科医は、展性のある新しい水晶体を、カルツォーネ・ピザを折りたたむように二つに曲げると、切りこみのひとつから挿し入れる。位置を定めて、鉗子をもつ手を緩めると、筋交いがピンと張って水晶体が納まる。白内障を除去し水晶体を取り替えるまで、手術全体にかかった時間は、たった六、七分。二つの切りこみはとても小さいので、縫合して閉じる必要もない。

＊ アクリルが目の役に立つことは、第二次大戦中に発見された。撃ち落とされたスピットファイア戦闘機のパイロットたちが、コックピットのアクリル破片が目に飛びこんだまま亡くなっていることがよくあったため、アクリルは炎症反応を起こさないと軍医が気づいたのだ。

ボルヘスにとって視力は、はかない天恵だった。いつかは消えゆくものと、ずっとわかっていた。失ってしまうと、文学に慰めを求めた。もし視力を取り戻していたら、どんな視座の転換を書いてくれていたか、わたしたちにはわからないままだ。

わたしはよく、白内障の手術をした患者さんに、視力が戻ったのはどんな気分か訊いてみる。「嬉しい」「すごい」「信じられない」はよく聞く。「また色がこんなにきれいに見えるなんて」。もっと理解を深めたくて、白内障除去について書いてあるジョン・バージャー〔7〕の本をひもといた。[4] 二〇一〇年に白内障の手術を受けた人だ。

バージャーはこれまでの人生で、見ることを考え続けてきた。一九六〇年、三四歳のときに上梓したエッセイでは、草の上に寝転んで見上げた木をこう描写している。「葉の模様のイメージが、一瞬のこって薄れゆき、網膜に焼きつくが、今度は暗い赤、この上なく深いしゃくなげ色の赤。また目を開ければ、光があまりに眩しくて、その輝きが波打ちながらあなたを圧倒する、その感覚《センセーション》に溺れる」[5]。一九八〇年刊のエッセイ集『見るということ』の一節は、こうだ。「棚のような野原、緑色の、すぐ手に届くところにあって、そこに茂っている草はそんなに丈が高くはないけれども、青い空で彩られ、黄色が混じり気のない緑に変わっていく野原、それはこの世界を包み込んでいる鉢の表面の色」[6]。一九七二年には、ほかの四人——スヴェン・ブロンバーグ、クリス・フォクス、マイケル・ディブ、リチャード・ホリス——と共同で、かつてないスタイルの本、文学とヴィジュアル・アートの驚くべき融合作品を製作した。『イメージ——視覚とメディア』だ。バージャーの狙いは、読者の身の回りのイメージの受け止め方に挑むことにあった。独創的で、美術批評のありように変革を迫った本だ。〔8〕

うちにあるバージャーの『白内障』の裏表紙には、ウィリアム・ブレイクのよく知られた名言が書いてある。「もし知覚の扉が浄《きよ》められるなら、あらゆるものはそのありのままの姿の無限を人に顕《あら》わすであろう」*〔9〕。白内障の手術後にバージャーにまず見えたのは、あらゆるものの新しさ、何もかもが表面を光で洗われたかのような、世界の「生まれたて」の質感だった。次に目に入ったのは、溢れ返るさまざまな青で、マゼンタやグレーや緑といった色のなかにさえ、青が——これまでは水晶体の混濁のせいではね返されていた青が、見て取れる。この青々しさのおかげで、「まるで空が地上のほかの色彩との逢瀬《ランデヴー》を思い出すかのように」遠近感が戻っており、一キロメートルが遠くなり、一センチメートルが長くなった。魚が棲息地《エレメント》で水に浸っているように、人間であるわたしたちは光の要素《エレメント》に浸かっている、とバージャーは気づく。白内障が忘却にたとえられるものなら、白内障を取り除くのは、幼いころ目に焼きつけた最初の色彩に自分を連れ戻す、一種の「視覚のルネサンス」だ。白はより清廉に心に響くようになり、黒はより重厚に胸を打つようになり、白と黒の本来の性質が、光の洗礼を受けて再生する。

バージャーのエッセイの文章には、トルコのイラストレーター、セルチェク・デミレルの描いた挿絵が添えてある。最後から二ページめの絵では、ふたりの人物が寄り添って肩を抱き合い、夜空を眺めていて、背の高いほうの人物が、星か惑星のひとつを指さしている。とはいえ、人物たちの頭は眼球になっていて、ふたりの頭上に浮かぶ天体の数々も、みな眼球だ——光を放つ太陽と星が、光を受け取るた

* オルダス・ハクスリー〔二〇世紀イギリスの作家。眼病で失明しかけたことがある〕は、著作『知覚の扉』でこの一節を再掲した。『ガザに盲いて』では、書名をミルトンの劇詩『闘士サムソン』〔旧約聖書中の士師サムソンの物語に基づく。サムソンは計略にかかって目を抉り出される〕から取っている。ちなみにミルトンは、この詩を失明の二〇年後に書いた。

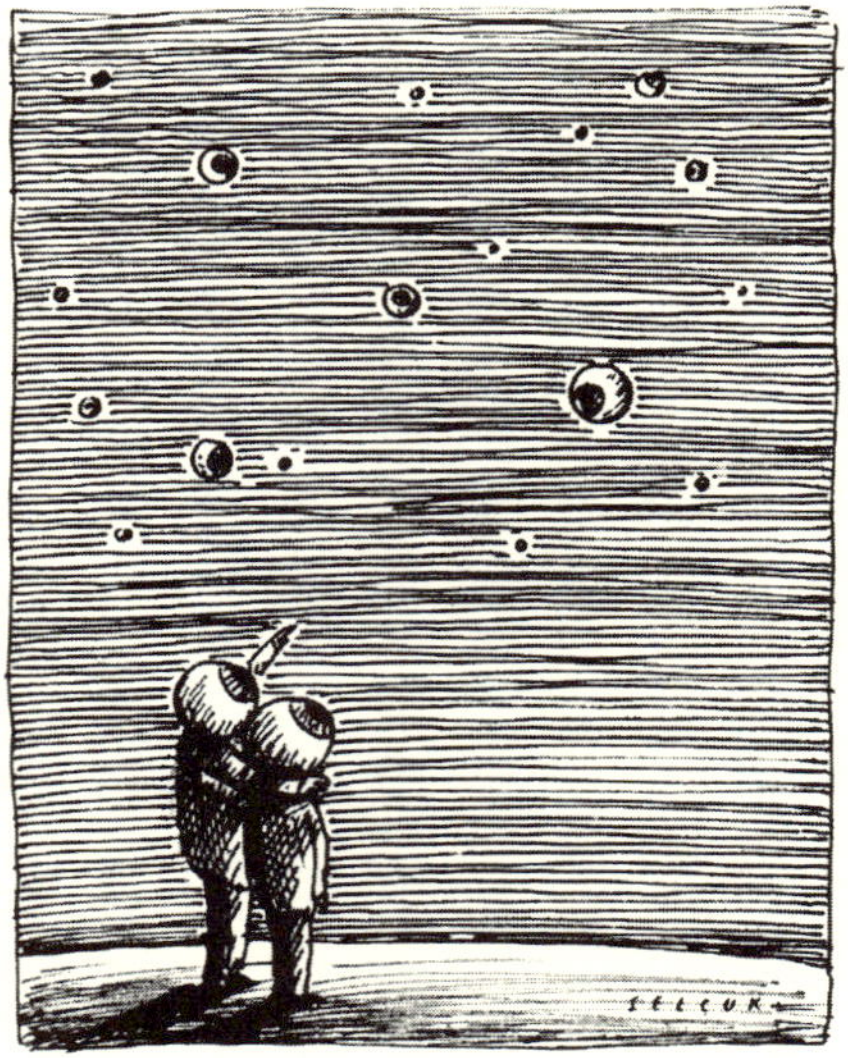

めの器官に変容を遂げているのだ。ボルヘスが論じた偉大なる球体動物たちのように、天体のひとつひとつは、それぞれ地上の人物たちを見つめ返したり、宇宙の彼方を向いたり、あるいは、わたしたちがまだ探検すべき文学の無限を見ている。

ある春のこと、ジョン・バージャーがフランスの自宅へ招いてくれた。その前にわたしから、バージャーの一九六〇年代の著作『果報者ササル――ある田舎医者の物語』について、バージャー自身の比類ない視覚について、問い合わせをしていたのだ。会って、光と闇を、見えないことと見えることを、そしてボルヘスが失明によって同時に覚えた、解き放たれた感じと囚われた感じはどのようなものだったかを、語り合った。

バージャーは、自著『ここは私たちが出会ったどこか』にも書いてあるエピソードだが、ジュネーヴにあるボルヘスの墓を訪ねたときのことを話しだした。思春期のボルヘスが、父親に連れられてジュネーヴで過ごすことになったのは、ジュネーヴが眼科医で有名な都市で、そこに父親が惹かれたからだった。一九一四年のことで、戦争がヨーロッパを圧倒し、ボルヘス一家はジュネーヴに足止めを食うことになる。若きボルヘスは次第にジュネーヴに愛着を覚えるようになり、バージャーの記述によれば、その街で娼婦を相手に童貞を失う（ボルヘスは、父親もその娼婦の客ではないかと疑う）。一九八六年、ボルヘスは死ぬためにジュネーヴに戻ることになる。この最後の旅に伴ったのがマリア・コダマ、新しい妻で、ボルヘスがブエノスアイレスの国立図書館で、書物の迷宮を手探りで進むのに、腕をとって支えた若い女性たちのひとりだった。

バージャーが表敬訪問したボルヘスの墓所の石は、コダマが選んだものだ。深く刻んであるのは、アングロ＝サクソン語の詩『モールドンの戦い』の一節。“And Ne Forhtedon Na” ——そして恐るるなかれ。この言葉は、リンディスファーン墓碑から採ったレリーフの下に彫ってある。リンディスファーン島は、ノルド語をしゃべる種族がイングランドに上陸した場所だ。墓石の裏側には、夫妻がかつていっしょに訳した、お気に入りの古ノルド語の伝説のひとつ『ヴォルスング・サガ』の一節。「彼は名剣グラムを取り、抜き身にして二人の間に置いた[10]」

バージャーは、墓に花ではなく、植物を活けた籐の籠が供えてあるのに気づく。常緑植物の籠だ。「オート＝サヴォワ地方の村々では」バージャーは著作中で説明している。「人はこの植物の小枝を聖水に浸し、死の床に就いた愛する人の体に、最後に神のご加護をふりまく」

敬意を表してから、自分が墓前に供える花一輪もってこなかったことに気づいたバージャーは、代わりにボルヘスその人が花を詠んだ詩を供した。「神が私の死んだ目にお示しくださるであろう／永遠の無限の　親しい薔薇[11]」。ボルヘスは、光と闇のどちらも、見えないことと見えることのどちらも、視覚によらなくても無限に通じる方法がたくさんあることも、知っていたのだった。

4 顔

美しき麻痺

人間は……人間の顔の美しさにも眼をとめるが、もっと美しいにちがいないその美の根源を求めもする。

——ラルフ・ウォルドー・エマスン「モンテーニュ」[1]

医学部の学生時代、顔の解剖学を教わっているとき、解剖するほとんどの献体は高齢の男性で、肌に厚みがあり、無精ひげが生えて硬くなっていた。皮膚を剝がすときは力がいるかもしれないが、そのすぐ下にある筋肉は、もろい組織だ。サーモンピンクをした繊細な葉脈のような隔壁が、バターのような皮下脂肪の深いところまで、レース模様を成している。顔に表情を与えている筋肉の動きを確認しようとするときは、注意してかからないといけない。メスがちょっと滑ったら、皮膚ごと筋肉を削ぎ落としてしまうから。

献体には差がある。死で表情が和らいでいるとはいえ、顔の筋肉の発達ぶりが、それぞれの生前のありようをどこかしら示している。いちばん違いが表れるのは大頬骨筋《だいきょうこつきん》と小頬骨筋、つまり口角を引っぱって笑顔をつくる筋肉。頬骨筋が分厚くて輪郭もはっきりしていると、笑いの絶えない人生だったのが伝わってくる。しぼんでいて紐状になっていると、つらい年月を送ったのだろう。たまに、顔の片側だけよく筋肉が発達して、もう片側はそうではない場合があって、これが示しているのは、脳卒中の後遺症か、あるいはベル麻痺——神経の損傷のせいで顔の片側だけに起こる麻痺——だ。

顔のほかの筋肉も、生前の姿のヒントをくれる。著しく発達した皺眉筋《しゅうびきん》は、絶え間のない怒りでしかめた眉——傲慢な《スーパシリアス》ということばは皺眉筋《スペルシリ》に由来——を示す。上唇鼻翼挙筋《じょうしんびよくきょきん》——ごく小さな筋肉なのにとんでもなく長い名前だ——は、読んで字のとおりの動きをする。上唇と小鼻を吊り上げて、歯をむくのだ。目のまわりを土星の輪のように、同心円状に囲んでいる顔輪筋《がんりんきん》は、まばたきなどの目の表面を守るのに必要な動作だけでなく、もっと強く収縮して、日の光に目を細める動きもする。さらに、この筋肉のために、わたしたちの目尻には「カラスの足あと」ができる。この筋肉の動き方が人さまざまなため、両方の目でウィンクできる人もいれば、片目だけでできる人もいる。前頭筋は、恐怖や動揺で眉を上げるのに使う筋肉で、よく額にできるしわ、いわゆる五線譜の原因でもある。口輪筋は、キスのとき唇をすぼめるのに使い、口角下制筋は、口角から下に伸びていて、口をとがらせて不満顔をするのに使う。顔をしかめるのに使う筋肉が発達しすぎて、顔つき全体が暗くなってしまった献体も、一度ならず見たことがある。

のちに解剖学を教える側になってみると、顔の筋肉を学生たちに見せて、卒中や麻痺が顔にどう影響するかを理解してもらうのはもちろん、将来ボトックス注射を打ったり、フェイスリフトや顔の再建手術を行ったりできるよう、基礎知識を教えるのも仕事になった。わたしが顔を解剖した献体は、ぜんぶで二〇から三〇体だが、それぞれの方の命の尊厳は、意識から離れたことがない。顔の層を一枚一枚剥

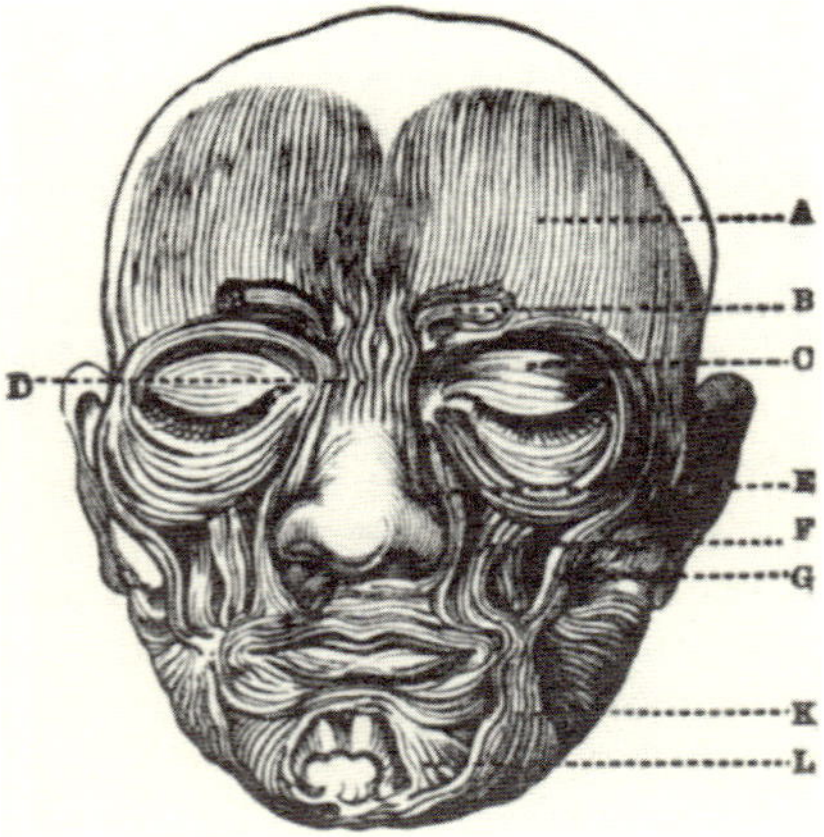

がしていくのは、段階を踏みながら体験を重ねてゆく過程、皮膚から始まる旅で、じつに生に似ているが、それが頭蓋骨つまり髑髏《どくろ》に近づくのは、まさしく死を象徴する。顔の筋肉のもろさそのものが、思いやりと敬意を保たなければ、と強く念じさせる。

一五世紀末、フィレンツェの公証人の庶子レオナルド・ダ・ヴィンチは、ミラノ公国に暮らしながら、それまでの歴史上のたぶんだれよりも微に入り、そしてその後の歴史上もまたとないほど細を穿って、人間の表情について考えていた。レオナルドが描いた顔の筋肉のドローイングを超えるものは、何世紀も生まれなかった。画家としても製図工としても、描写の精確さを信条とし、肖像画家として秀でるためにも、筋肉に精通しなければと自覚していた。別に、筋肉は魂と直接やりとりしており、魂の伝えたいことは人体を鑑賞すればわかる、とも信じていた。「骨々の関節は腱に、腱は筋に、筋は神経に、神経は共通感覚に服従する、それで共通感覚こそは魂の座席である」[1]

一四八九年ごろ、レオナルドは、自分の庇護者《パトロン》の父親であるフランチェスコ・スフォルツァ*の記念像を制作しようと、スケッチを重ねていたが、いっぽうで、解剖学論文を書こうと、覚え書きをつけてもいた。レオナルドの野心は偉大であるぶん厄介でもあり、その覚え書きからは、創造力と知力で激しく湧き立つ心、人間のあらゆる面を理解しようという意志に取り憑かれた心が垣間見える。論文を書いて、受胎、妊娠、正期産と早産、子どもの発育、成人男女の標準的な体質と外見を説明しよう、それとともに血管、神経、筋肉、骨をすっかり解明してしまおう、というのだ。そして、表情の変化がどんなに人間の状態を理解する鍵になるか、あらましを述べている。「次には四つの絵において人間の四つの共通普遍の状態を描こう。すなわちさまざまな笑いの所作をともなうよろこび――同時に笑いの理由を書け――、さまざまな様子の嘆きとその理由、いろいろな殺人行為・逃亡・恐怖・凶暴性・向う見ず、人殺し等々あらゆる附属物をもった争いを……」〔2〕。レオナルドにとって、こういった感情を表している筋肉の動きを描き連ねるのは、感情そのものの源である神性の理解に近づいていくことだった。美しさを当たり障りなく描いただけの肖像には興味はない。顔をそのままに、その動くままに捉えたい、醜かろうが美しかろうがかまわない、極端な顔でもいい――そのほうがもっといい。解剖することは、神に近づくことだった。「そしてきみ、わたしのこの業のうちに、自然という驚くべき作品を見届ける者よ……もしこの彼の作品を驚くべきものと思うなら、きみはこれをこう見なすべきなのだ、あの建物に住む魂に比べればなんでもない、と」[2]

* スフォルツァは、イタリア屈指の傭兵隊長《コンドッティエーレ》。独自の軍隊を率いた地方領主の一種で、当時のイタリアの都市国家はふつう、こういった軍に牛耳られていた。

《モナ・リザ》（一五〇三～四年）のような後期の作品が、表情の微妙さにたいしてレオナルドの感性がどんなに鋭かったかを表している。一四九〇年代はじめには、表情にたいする考えを実践に移す工房は、ミラノにある女子修道院の食堂の壁になり、そこに描きかけていたのが《最後の晩餐》だった。「最後の晩餐」に題材をとった他のルネサンス期の美術作品は、むしろ退屈で、十二使徒が無表情に食事をとっているものばかりだった。感情で顔を生き生きさせる手法を実地にやってみようとレオナルドが選んだのは、その過越《すぎこし》の食事の最中、イエスがこう言った瞬間だ。「あなたがたのうちの一人がわたしを裏切ろうとしている」[3]

とたんに場は大騒ぎになる——一二の表情のドラマの幕開けだ。三使徒ずつ、四つの組になっている。* レオナルドは膨大な種類の表情を伝えようとしているが、一三人のなかでもとりわけ目を惹くのはバルトロマイ、向かっていちばん左の人物で、思わず立ち上がってテーブルに手を突き、信じられないといったように目をむき、怒りで眉をひそめている。アンデレは左から三人めの人物で、両の手のひらを見せて自分の無実を訴えながら、狼狽《ろうばい》で眉を上げているようだ。

イエスのすぐ右では、トマスが当惑したように口をへの字に曲げて、つまり口角下制筋を動かしながら、指で天井を差しているが、この指が数日後には、復活したイエスの傷を半信半疑で調べることになる。激しい感情の変化をあらわにしているのは、イエスの隣に座っている大ヤコブで、怒りのあまり両腕を広げ、目もとを暗くし、眉から鼻下にかけてをしかめている。

絵のモデルになったのは、当時のミラノの支配者階級たちとされているが、それは福音書の物語に忠実に描くためでもなければ、現在まで思われてきたように、記念の肖像画の集成として鑑賞されるためでもない。人間の感情が一気に噴き出すようすを洞察する手立てとして、表情を用いる方法のためなのだ。伝記作家でレオナルドの同時代人でもあるジョルジョ・ヴァザーリによれば、レオナルドは巷をうろつき回っては、とりわけて醜かったり歪んでいたり、とにかくふつうではない顔の人のあとをつけていって、とんでもない表情をする瞬間をちらりとでも見ようとした。とくに興味深い顔の人だと、はるばる町の外れまでついていくこともあったという。

レオナルドがミラノ公国にいたのは政治的動乱の時代で、一四九九年までには、攻めこんできたフランス軍を逃れて、ミラノをあとにする。後援者たちを頼って、マントヴァ、ヴェネツィア、フィレンツェ、ローマと遍歴するが、一五一〇年から一一年にかけての冬には北部に戻り、ミラノのすぐ南の都市

* ダ・ヴィンチの《晩餐》《チェナーコロ・ヴィンチャーノ》は湿気た壁に描いてあり、一六世紀半ばにはもう絶望的に損傷した状態になっていた。もともとの壁画のもつ力について研究者たちが思い当たったのは、壁画のことを書いた手稿類があったのと、一五二〇年ごろのジャンピエトリーノの模写が広く知られていたからで、この模写が、当時の人たちによれば、いちばん精確な出来だったという。

パヴィアの大学と医学校へと至る。そして、はじめて解剖学論文の概要を書いてから二〇年後にして、その熱望していた作業に本格的にとりかかる。冷却機器が発明される以前の時代だから、解剖が行われるのは冬だけだった——夏の暑さは死体をたちまち腐敗させてしまう——が、パヴィアでは、解剖用死体の即時供給が、病院から、そして協力的な庇護者で解剖学教授のマルカントニオ・デッラ・トッレからあった。パヴィアで完成させた解剖学スケッチの多くは失われてしまったが、いまに残る小さな断片から、レオナルドが解剖学者としても素描画家としても、その洞察力と想像力と驚異的な能力をこの作業に注入していたのがはっきりわかる。レオナルドが解剖学を学んだのは、人体がどうやって美化されてきたかを知るためというより、現実の人体ありのままを堪能するためだった。その立場からすると、人体は神が創造した最高傑作だった。

　レオナルドの覚え書きの一枚に、表情をつくる顔の筋肉を細部まで精確に描いたものがあるが、これは《最後の晩餐》で表情の効果をものしてみせた一五年後の作だ。[3] 前頭筋、つまりアンデレの額で言えばしわが寄っているところには、「怖れの筋肉」と書いてある。《最後の晩餐》ではバルトロマイの鼻と眉のようすや、ペテロと大ヤコブが怒りのあまり顔をしかめているさまを描いているが、こういった表情をつくる筋肉、つまり上唇鼻翼挙筋については、「怒りの筋肉」と記してある。スケッチとスケッチのあいだには、こんな文章もある。「顔の肌、肉、筋によってできる動きの起因のすべてを描写する、そういった筋が脳から延びる神経によって動いているか否かについても」。レオナルドは、顔には二種類の筋肉があると見抜いていた。ひとつは咀嚼《そしゃく》に使う筋肉で、分厚く強靭で、脳から直接出ている第五脳神経が動かしているもの、もうひとつは表情をつくる筋肉で、もっと繊細でもろく、第七脳神経が動かしているものだ。*

第七脳神経は、聴覚と平衡覚をつかさどる神経〔第八脳神経（内耳神経）〕と並んで走っている。耳のうしろで頭蓋骨をくぐり、ちょうど耳たぶの下のところに出る。最大の唾液腺〔耳下腺〕を通り抜けたあと、ちょうど顎角《がくかく》、つまりエラのうしろで五本に枝分かれし、顔を放射状に横切って、表情にかかわる筋肉に至る。この五本の枝は、「ゾンビ二体がうちの猫におかまを掘りました **T**wo **Z**ombies **B**uggered **M**y **C**at」（側頭神経 **T**emporal、頬骨《きょうこつ》神経 **Z**ygomatic、頬《きょう》神経 **B**uccal、下顎《かがく》神経 **M**andibular、脊髄神経 **C**ervical）という一文とともに、あらゆる医学部生の記憶に永遠に残っている。五本の枝の通っているところを覚えておくと、だれかが顔にけがをしたときに役に立つが、顔に起こる麻痺が、顔の感情表現能力にどう影響するかを理解するのにも役立つ。

エミリ・パーキンスンを診たのは、うちのクリニックの救急外来だった。三〇分前に、市街地にある

* これらは、脳頭蓋《のうとうがい》もしくは顔面頭蓋《がんめんとうがい》の穴から出ている「脳」神経で、ほかには椎骨のあいだから出ている「脊髄」神経がある。

オフィスから電話をくれたばかりだった。会計士で、小さな子どもが二人いて、専門職として忙しい日々を送っていたが、その日の朝、目が覚めてみたら、顔の左半分がうまく動かなくなっていた。起き上がってバスルームに行き、鏡を見る。左目の下まぶたが少し垂れ下がっており、笑顔をつくってみると、左半分の動きが右より鈍いようだ。変な具合に左側を下にして寝ちゃったかしら、そう思って、朝食の仕度をしに階段を降りた。

「ちょっと見て」夫に言う。「顔の半分だけ寝たままなの」

「たぶん筋《ナーヴ》でも違えたんだよ」夫は言って、肩をすくめた。

出勤途中に車のミラーを見たエミリは、事態がよくなっていないのに気づく。じっさい、悪くなっている。オフィスに着くまでには心配になってきた——ますます心配になったのは、顔を合わせるや、秘書が息を呑んだからだ。「お顔、どうなさったんですか?」秘書はつい大声を出す。「脳卒中でも起こしたみたいですよ」

エミリはその朝、どうにかメイクをすませていたが、左の目尻からしつこく溢れてくる涙のせいで、マスカラが滲んでしまっている。顔の右半分には、もともと鼻と口角を結ぶほうれい線がくっきり入っている——頬骨筋が四〇年にわたってエミリの皮膚をちゃんと幸せそうに引っぱり上げてきた結果だ——が、左側のほうれい線はほとんど消えてしまっている。以前は、両頬のえくぼが、丸かっこのように、何か言うたびに口もとを囲んでいた。そのえくぼが右側にしか浮かばず、表情がつくりきれていない、いびつな印象になってしまっている。

わたしはエミリに歯を見せるように言って、右の口角がよく上がっては元に戻るようす、つまりほうれい線が深くなるようすを確認したが、顔の左半分はほとんど動かない。左側にあったしわはほとんど消えてしまって、左半分に生気がない。左目は細めることができなかった。最後のテストは、両方の眉毛を上げてもらうこと。右側の眉毛は愛想よく上がったが、左側はぴくぴくしただけだった。

前頭筋にはほかにない特徴がある。からだの筋肉のほとんどは、左右逆側の脳がコントロールしていて、たとえば右腕を動かすのは脳の左半球だ。が、前頭筋は例外だ。脳のどっち側であれ、前頭筋の神経《ナーヴ》は、顔の左右を問わず動かせるのだ。脳卒中で片方の脳半球が機能しなくなったとしても、患者は両方の眉毛を上げられるが、もし顔の片側の神経が働きを止めてしまうと、前頭筋にも麻痺がおよぶ。エミリの左の前頭筋が動きを止めてしまったことから、脳卒中ではない、とわかるわけだ。

「それで、脳卒中じゃないなら、どこが悪いんでしょう?」とエミリ。

「ベル麻痺です」とわたし。「表情をつくる神経に支障が出ています。ほとんどの場合、数週間もすれば、確実によくなりますよ」。いったん置いてから、安心させようと言い足す。「なぜベル麻痺が起こるのか、まだ解明しきれた人はいないんですが、顔の筋肉をコントロールする神経は、頭蓋骨のなかのとっても細いトンネルを通って、耳のそばまで来ています。その途中でほんの軽い炎症が起こっても、そのせいで圧迫されて、神経がちゃんと働かなくなるんです」

「どうすれば治ります?」

「ステロイド剤を処方しますから、一〇日間飲んでください。神経が腫れていれば、それを抑えてくれます。それから、左目を保護したいので、いま眼帯をしますね」

「どうして眼帯がいるんです?」

「もし麻痺がいま以上に進行したら」とわたし、「まばたきができなくなるからです」。

古代ギリシャの哲学者アナクサゴラスは、自分がなんのために生まれてきたと思うか問われて、こう答えた。「天と星をよく見るために」。ルネサンス期には、人間であることは特別だとする考えが当たり前で、それというのも顔が真っすぐ上を向くからだった。[*] 人間は髪が顔をふちどって強調しているため、顔も毛むくじゃらだった祖先のころよりも、遠くから表情が見えやすい。白目はほかの動物に較べて大きくなり、視線やまぶたのごくわずかな変化が、ほかの人にはっきり伝わるようになった。顔があると、わたしたちは目に見えるほかのものよりも、そちらに注意を向ける。顔の描写には、文学においても、いちばん叙情性と表現力がふんだんに盛りこまれる。シェイクスピアの「四十回の冬が、あなたの額を包囲し攻撃し／あなたの美の戦場に深い塹壕《ざんごう》を掘るならば」[4]から、イアン・シンクレア〔4〕による、ある登場人物の顔が「風呂につけすぎた円座クッションのようにしわだらけ」[5]という記述まで。人とのコミュニケーションに顔は大事だからこそ、ベル麻痺はみっともないどころではない——人によっては、世間体まで丸つぶれだ。

ベル麻痺の名は、一九世紀はじめの外科医で解剖学者のチャールズ・ベルに由来しており、この人物が第七脳神経の経路を明らかにした。ベルはエディンバラの名家の出身だ。父親は聖職者で、兄弟たちの二人は法学教授、もう一人の兄——ジョン・ベル——は、エディンバラきっての有名な外科医。チャールズ少年は学校は大嫌いだったが、絵を描くのは大好きだったので、母親は家庭教師を雇い、この教師がチャールズに、古典主義やルネサンス期の名画を模写するよう教える。[6]

一七九二年、一八歳のとき、チャールズは兄ジョンのもとに奉公に出る。当時の解剖図画家はおしなべて下手くそだった。チャールズは軽蔑をこめて、骨は柵木のように、筋肉はぼろ切れのように描いてある、としている。チャールズとジョンは力を合わせて、新しい「解剖体系」のための図版制作に取りかかり、チャールズはそこに、写し慣れたルネサンスの巨匠たちへの称賛の念を注ぎこんだ。[7]

ナポレオン戦争が激化していた一八〇九年、チャールズ・ベルは外科医と解剖図画家を兼ねてロンドンで暮らしていたが、そのとき、負傷したイギリス兵五〇〇〇人が、戦地イベリア半島のア・コルーニャから本国へ送り返されてきた。そこでベルは、生存者を助けるべくポーツマス〔軍港がある〕へ下り、手足を切断したり、銃弾の破片を除去したり、傷口から壊死組織を切除したりの日々を送ることになる。手術をしていなければ負傷兵のスケッチに明け暮れた。その精確を期して冷静につけたノートには、破傷風や、胴体に受けた刺創や、腕や胸や陰嚢に受けた銃創の苦痛に身悶えする姿の数々がある。

六年後には、ワーテルローの戦いの報せがロンドンに届き、ベルは今度はブリュッセルに赴任する。「人間の悲惨さがひっきりなしに目の前に現れるのを、絵にしてお送りするなど、できることではありません」と、ブリュッセルからの手紙にある。この地でのベルのスケッチは、まるで戦争の影響で感傷的になったかのように、よりこまやかで凝ったものになった。[8]そして兵士たちの絵には、その者たちの名前と事細かな説明がつくようになった。こんにちに残るドローイング四五枚のなかに、注目すべき絵が二枚ある。顔の神経に損傷がないか、ベル自身がよくよく診たに違いない二人、負傷の結果、表情を

* サー・トマス・ブラウン〔一七世紀イングランドの著述家〕が、このことをナンセンスだとはっきり指摘している――ヒラメのような卑しい生き物のほうが、人間の目よりもっと真摯に天を向いた目をしている、と。

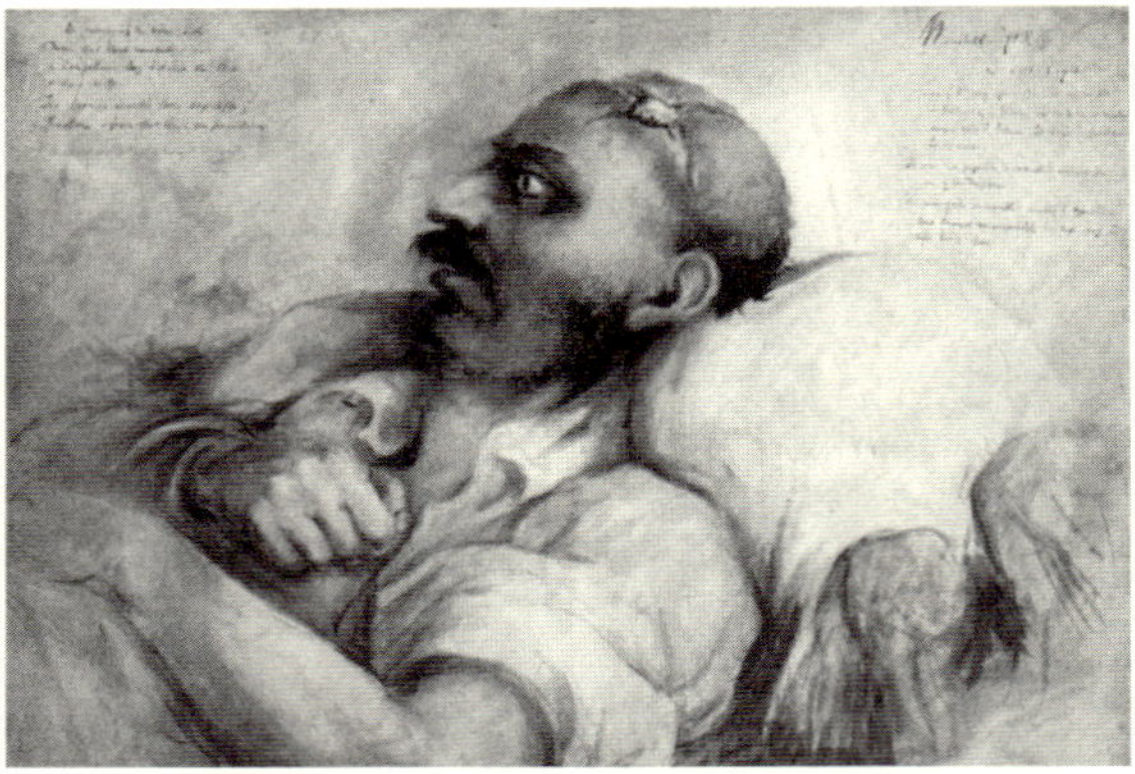

つくるのが惨苦になっただろう二人の顔を描いたものだ。ひとりはマスケット銃で撃たれ、弾が両のこめかみを貫いた兵士で、両目の眼窩が粉々になり、鼻梁の内側の組織がめちゃくちゃになっている。もうひとりは、左の頬に銃弾を受けた兵士。慎重な外科治療が行われていなければ、どちらも致命傷になっていただろうが、助かりはしたものの、この二人は一生、損なわれた外見という烙印とともに生きていくことになっただろう。

耳、鼻、喉の専門医にエミリを診てもらったが、三人ともが、さしあたっては抗生剤しか治療法はないだろう、という意見だった。一週間後、麻痺は悪化しており、エミリはますます自分の顔を意識するようになっていた。「もうみっともないったら」どんな具合かと往診してみたら、そう言う。しゃべりながらも、顔の前で手をわななかせ、ひっきりなしに髪の毛を前に向かってとかし続ける。「仕事には行けないままだし、左目の涙がぜんぜん止まらないんです。これじゃ顔を失くして泣いてるみたい」

二週間後、麻痺は悪くなってはいなかったものの、よくなるきざしも見せていなかった——エミリは仕事に復帰できないままだ。「耐えられません」言い立てる。「みんなにじろじろ見られるの」。六週めにして、口角に震えるような動きが戻ってきたように見えた。「ほんとによだれが減ってきたんです」そう言う。「でも涙が止まらなくて」

「もう少しようすを見ましょう」とわたし。「ベル麻痺は、ほとんどの人がもとどおりになりますから」

三カ月め、回復は失速し、六カ月め、わたしたちは治りそうもないと認めざるをえなかった。エミリは仕事に行けないまま、外出さえめったにしないままだ。髪型も、前髪が顔の左半分に重くかかりっぱなしになるよう、変えてしまっていた。「もう限界」エミリは言う。「子どもたちがこの顔を怖がるんです」

「形成外科の先生方に話してみましょう」とわたし。「左側の、動きが鈍っているほうの筋肉を引きしめてくれるでしょうし、それに——ボトックスはご存じでしょう——そういう方法をとることもあります、麻痺のない側のしわを伸ばすと言いますか」

「ってことは、麻痺を治すのに、麻痺させるってことですか?」

形成外科医がエミリの麻痺を治せるかどうか、わたしには確証がもてなかった——損傷を受けた神経をまた機能させるのは、難しいのだ。とはいえ、外見を釣り合いのとれたものにするという点からすれば、いちばん効果のある処置は、たいていボトックスを使って異常のない側を麻痺させることだ。「そうです」わたしは答える。「変に思われるかもしれませんが、そうすれば顔がもっと左右対称になります」

ベルには、外科医として名を挙げようという野心もあった——神経系統の解剖学研究では、同時代には比肩しうる者がいなくなった——が、夢中になっていたのは絵の完成だった。ワーテルローのずっと前、『解剖体系』に使うドローイングを描いていたころから、人間の表情の研究を始めていて、それが長きにわたっていた——三世紀前にレオナルド・ダ・ヴィンチが行っていたのにも近い大仕事だ。この研究は、のちに『絵画における表情の解剖学的試論』として出版された。[9] ベルは終生、この本の改訂を重ね、外科医としても画家としても、経験を積むたびに論を書き加えた。最終版は、イタリアでの長い有給休暇のあいだに省察した内容で豊かさを増していて、そこでベルは、とりわけレオナルドの顔の描写に感服している。レオナルドは、画題になる変な顔や目立つ顔を探すため、嫌でも巷を歩き回らなければならなかった。その点ベルは恵まれていた。診療所で待っていさえすれば、そういった顔のほうからやってきたのだから。

ベルの死の三〇年後、もうひとりエディンバラで医学を学んだ人物、チャールズ・ダーウィンが、ベルに大いに感化されて、中止したままだった研究を再開する。『人及び動物の表情について』のなかでダーウィンは述べている。「[ベルは] 本問題を科学の一分科として礎定したのみならず、一の見事な体系を築き上げたといつても不当でない」。[10] ダーウィンは、自然の世界とともに、文化の世界をも入念に観察したが、西洋美術の傑作を残したベルほどは評価されず、とくに表情の研究という点では注目されなかった。「非常に綿密な観察者である一流の画家及び彫刻家から援助を得ようと希望した」[5] とダーウィンは緒論に書いている。「が、二三の例外はあるが之によつて得るところはなかつた。其理由は、疑もなく、美術作品に於ては美が主たる目的であつて、強く収縮した顔面筋は美を破壊するからである」。ダーウィンはパラドックスに出会ってしまった。わたしたちが自己表現をするには顔の筋肉が必要だが、昔から理想としてきたのは、左右対称で無表情な顔だったのだ。

　ダーウィンが例外として褒め称えているひとりがレオナルドで、それは美は中庸にだけではなく、極端な表情にもあるという、レオナルドの確固たる信念ゆえだった。ダーウィンは『人及び動物の表情について』の一節を《最後の晩餐》に表された身ぶり手ぶりに費し、とりわけ使徒アンデレのようすを熟考している。レオナルドの金言に、偉大な芸術はコントラストを表すことでもたらされる、というものがある。「醜いものを美しいもののそばに、老いたものを若いもののそばに、強いものを弱いもののそばに置くことで、きみの絵画はより満足のいくものとなろう」[11]。レオナルドなら、ベル麻痺の顔を、弱さと強さが、醜さと美しさが、若さと老いが隣り合っている顔を、どう解釈しただろう？

　エミリは会社の健康保険に入っていた。わたしが紹介した形成外科は、豪奢なカーペットを敷き詰め、待合室には革のソファがあり、テーブルには学会誌が置いてあるところだった。壁には、『ヴォーグ』だか『コスモポリタン』だかの表紙を模したデザインの、そのクリニックの広告がかかっている。そしてその華やかな広告を、「乳房整形《ブーブ・ジョブズ》」や「脂肪吸引《タミー・タックス》」の文字が飾っている。

「診察室もそりゃあ美しくって」報告に来たエミリは笑う。「ここのクリニックの建物全体より大きいんですよ！」

そこの診察台に形成外科医はエミリを寝かせ、目頭と目尻、頬、口角をアルコール綿できれいにする。それから溶液の入った小瓶から、小さな注射器を引き上げる。「痛みはほとんどないって言われたけど、ほんとにそうでした」とエミリ。「注射針がすっごくちっちゃかったし」。形成外科医は、エミリの顔の右半分に、左側と対称になるように、ポイントを決めて注射液を打っていく。頬骨筋、眼輪筋、それからレオナルドのいう怖れと怒りの筋肉。「この神経麻痺剤は、四、五カ月はもちます」と形成外科医。「そのころになって、うまくいったと思われたら、またお越しください」

「で、うまくいってますか?」とわたし。

「ご自分でたしかめてください」エミリは顔の左半分にかかった髪の毛をかき上げて、こちらを真っ直ぐに見つめる。やはり左右は非対称ではあるものの、ずっとわかりにくくなっている。「もう笑っても、そんなに右のほうに引きつれません」——エミリはなんとか顔をほころばせてみせる——「だから、前より自然な顔になれました。ずいぶん若返ったわ」。

「お子さんたちはまだ怖がる?」

「いいえ、もうぜんぜん」エミリは笑う。「嬉しい——仕事にも戻れてるんです」

わたしは、教わる側にあっても教える側にあっても、自分が気をつけて解剖した男女の顔をよくあらためては、その方たちの生前に思いをはせてきた。そして、そうやって献体を精査してきたおかげで、いまクリニックで、より患者さんたちを思いやるようになった。まだ若いのに眉間にしわを深く寄せている人に会うと、なぜそうなったのか、詳しく尋ねるようになった。怒っているのか不信感を抱いているのか、怖がっているだけなのか無力感を抱いているのか、心配している人から苦悶している人まで、見分けようとするようになった。屈託がなくて嬉しそうな顔をした人に会うと、その幸せの秘訣を訊くようになった。そして、自分自身の表情にいらだちや焦りが見えるときには、顔をリラックスさせれば気分もよくなり、診察もうまくいくのに気づいた。

表情についての研究書に、ダーウィンが書いている。「激しき身振に身を委せる人は其激怒を増加し、恐怖の標徴を抑へぬ人は、一層大なる恐怖を経験[6]」する、と。このこと、つまり、怒りや怖れの表情をつくると、じっさいに怒りや怖れの感情を誘発するということは、心理学の調査でも裏づけられている。[12] ただたんにレオナルドの「怒りの筋肉」や「怖れの筋肉」を収縮させるだけで、もっと腹が立ったり怯えたりするかもしれないのだ。思うに、逆もまた真で、怒りや怖れを表情に出さないようにすれば、そういう気持ちを味わいにくくなるのだろう。

何カ月か経ったころ、エミリがまたクリニックにやってきたが、今回は膝にけがをしたためで、顔のことはどうとも言わない。が、わたしは、明らかに麻痺が戻ってきているのに気づいた。これ以上はボトックス治療はしないと決めたに違いない。膝の手当てを終えると、顔を治療しない理由を訊いてみた。

「ああ、気づかれましたか」エミリは言って、前髪を上げてみせてくれる。笑顔の右側にだけ深くほうれい線が入り、目尻にカラスの足あとができ、額にしわが寄っている。

「注射に嫌気でもさしましたか?」

「いえ、そんなんじゃないんだけど——見せてたほうが、ほんとの自分らしい気がして」とエミリ。

「一生仮面をかぶってたくないんです」

5 内耳
魔法とめまい

というのも、渦巻きは、混じり合っているべき重いものと軽いものを分離するからだ。……同じ理由から、重いものと軽いものが分離するから、前かがみになるとめまいを起こすのである。

——テオプラストス『目まい、および目先が暗くなることについて〔1〕』

オートバイに乗るのは、車とも違えば、自転車ともまた違う部類の体験だ。わたしがオートバイに乗るときは、スピードも出さず安全運転で、時速六〇マイル〔一〇〇キロ弱〕以上出すのをためらうほどだが、それでも、慣れないスピードや、オートバイが傾いたり曲がりぎわに浮き上がったりする軽快さが楽しいのはもちろん、五感に入ってくる情報の多さ、つまり空間と景色がどんどん変わるのも、また楽しい。自転車は言わずもがな、車では味わえない感覚で、マシンと一体になれるのだ。

田舎道をオートバイで走っていて、会議に遅刻しかけたことがある。その道の両側には森がそびえ、枝が内側に覆いかぶさって、頭上は暗い天蓋になっていた。ほとんど運転らしいこともせず、緑のトンネルを軽々と跳び越え、そのあいだにも、ヘルメットの下のヘッドフォンからは音楽が聞こえ、道の前方に陽除けが広がっているのが見える。左、右と曲がるたびに空気の流れを感じ、わたしは自分の平衡感覚と、筋肉と関節に体重が移動する感覚と、自分のからだとバイクが道を捉えている感覚を満喫していた。

と、前方の森を抜け切ったところに、石橋の欄干が見えた。道は急カーブにさしかかっている。カーブにそなえて減速しているときに目に入ったのが、陽射しに光る緑色のもの——舗装の表面の苔——で、その瞬間、森が開ける。だしぬけに、世界全体が斜めに傾いた。後輪が苔で横にスリップしたのだ。時速四〇マイルのスピードで、欄干にぐんぐん迫っていく。制御不能だ。ブレーキをかければ、さらにスリップすることになる。でももう、欄干まで三〇ヤード〔約二七・五メートル〕、二〇ヤード、一五ヤード。バイクは道路の傾斜を滑り落ち、石垣にぶつかりながら進み続ける。道路の縁から目を逸らさないよう、下にある川と大きな石を見ないようにしているそのとき、後輪が道路に引っかかった。おかげで、よろけながらのたうちながらではあるが、なんとか車体を引っぱって舗装してある路上に戻り、やっと橋から逸れた。

「世界全体が斜めに傾いた」ように感じた。一瞬のスリップ、一秒もかからず。言ってしまえばそれまでだ。とはいえ、もし平衡感覚が俊敏かつ精確でなかったら、わたしは死んでいただろう。

あの田舎道を走っていて、オートバイの後輪が横滑りしたとき、わたしの頭蓋骨のなか、耳の後ろのところでは、二つのことが起こっていた。バイクのスリップのせいで、わたしのからだは地面のほうに傾くのだが、頭の傾きはごくわずかな回転角だ——この動きが、内耳の三半規管に入っている液体に、回転のかたちで伝わる。同時に、その突然の傾きを、半規管の底部にある関連部位、「卵形嚢《らんけいのう》」が感知する。卵形嚢には感度のよい有毛細胞が、根で脳に接しながら、ゼラチン質のなかに生えていて、この

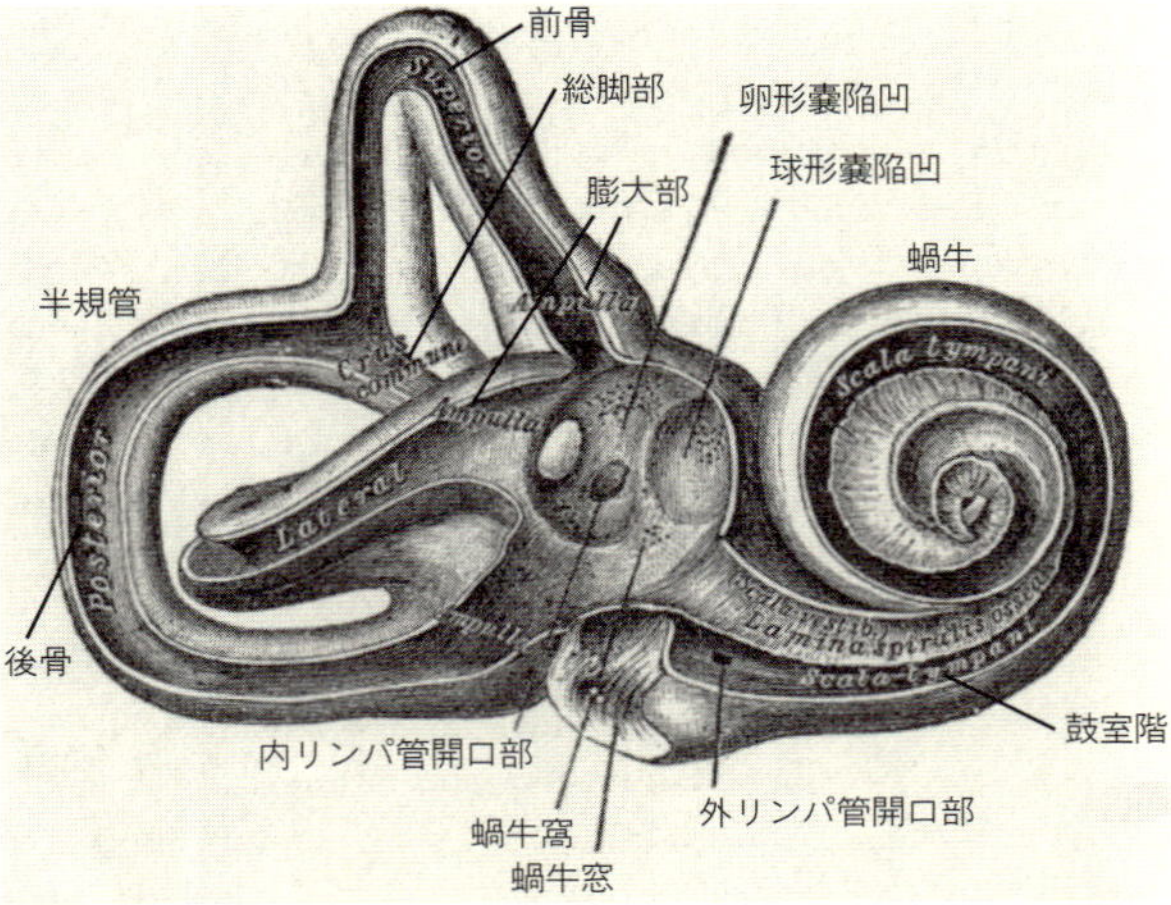

ゼラチン質の上をさらに砂粒状のチョークに似た物質、耳石が覆っている。耳石からゼラチン質に質量がかかって慣性が働き、それで頭蓋骨がスリップによって横向きに加速すると、ゼラチン質が有毛細胞を引っぱる。卵形嚢は加速したことを水平面で伝える。横向きか、前後の向きかだ。内耳のもうひとつの部分、「球形嚢《きゅうけいのう》」は、加速したことを垂直面で感じる。*

哺乳類が子宮のなかで羊水を必要とするのは、あらゆる生物が海から生まれていた時代の残響だが、それとちょうど同じで、内耳のなかに液体があるのは、かつてわたしたちの祖先の平衡器官が、海水が入るがままの管だったことの名残だ。** 原始の生物が三次元のなかを縦や横に揺れると、そういった管のなかの海水が付随して動いて、からだの揺れを脳に伝えていたのだ。ふつう五感と呼ばれるものから外れはしたが、平衡感覚は、わたしたちの最古の感覚のひとつだ。それは、わたしたちを世界に係留させている、錨だ。

「めまい」という言葉は、よく高所恐怖を表現するのに使われるが、医師にとってめまいとは、吐き気をともなってくらくらする感じのことで、平衡器官と目が、自分の運動状態について、矛盾するメッセージを脳に送っているときに起こる。これは船酔いと関係がある。船酔いも、感覚情報の矛盾が引き起こす気分の悪さだ。嵐のなかボートの底のほうに乗っていると、内耳は自分が〝動いている〟と伝えるが、目は〝動いていない〟とずっと伝えている。めまいを覚えるのも吐き気をともなうものだが、めまいの原因は内耳の病気で、内耳が〝動いていない〟と訴えているのに目は〝そうではない〟と証言しているか、その逆か、つまり内耳は脳に〝回転中〟と訴えているのに目は〝静止中〟と伝達しているか、どちらかになる。

からだが感じるあらゆるつらさのなかでも、吐き気ほど耐えがたいものはないが、吐き気ほど薬で抑えにくいものもない。感覚としての吐き気は、脳のとても根源的な箇所、脊髄に近いところから起こる。このこと自体が、からだが発する、毒にあたっているという警報の、きわめて原始的なかたちかもしれない。めまいが吐き気を引き起こすということは、おそらく脳が、平衡感覚の機能不全を、中毒と解釈しているということだ。内耳の感染症でも、腫瘍でも、ぬるま湯で鼓膜を洗ったときでさえ、めまいは起こりうる。めまいが起こると、毒を出そうとしてからだが吐く反応をするが、めまいや船酔いそれ自体は、口から出せない。

* 二〇一〇年以降、多くのスマートフォンが、ナノテクノロジーのおかげで、ジャイロスコープと加速度計を搭載するようになった。これらは内耳をモデルにしていて、スマートフォンに正しく空間認識をさせる。

** 魚には、この目的での耳石をつくり出せない種類もいるが、その場合は、内耳がいまも海水に向かって開いていて、外から流れこんできた砂粒で代用している。

ジョン・ワーヴェルは五〇代後半。老ウサギの毛のようなごま塩の口ひげをヤニで汚し、憂いのせいで額に深いしわが寄っている。金色と銀色がまだらになった眉毛のせいで、びっくりしたような表情に見える。カルテによると、タクシーの運転手で、離婚歴があって成人した子どもが二人いて、ときどき深酒をすることがある。初診では、少しばかり冷たく、誇り高く、我が強く、医者を用心してかかる人物の印象をもった。「悪く思わないでもらいたいんだが」、診察室に入るなりそう言う。「ほんとに医者とは縁がないんだ」

「うかがってよかった」とわたし。「もしまるでご縁がないのでしたら、今回はどういうご縁で?」

そんなわけだったから、まさか一年ほど経って往診を頼んでくるとは、それも、受付係いわく、吐き気とめまいの発作に襲われてとは、思いもよらなかった。症状があまりにひどいので、怖くて家から出られないという。脳卒中のおそれもあるので、往診前に電話をして、救急車を手配しましょうかと尋ねた。「手足はふつうに動くんだよ、先生」と電話越しにジョン。「ただ首が回せないんだ」

到着すると、ジョンはソファに横になっていて、微動だにしない。「日に一〇〇回も部屋が回るんだ、内臓まで吐きそうで、それで身動きさえとれなくて。もう二日めだよ——始まったらここに横になって、おさまるよう祈ってる」

わたしはそばにしゃがみこむ。「何がきっかけで始まりますか?」

「なんでもだよ。肩を見ようとして首をひねっただけでも。ベッドで寝返りを打っただけでも。前かがみになっただけでも始まる」

血圧が下がるとふらつきを起こすことがあるが、ジョンの血圧はやや高めだった。アルコールもめまいを引き起こすが、しばらく休肝日にしていたという。ほかの原因について尋ねてみたが、頭にけがをしたわけでもなし、感染症にかかったわけでもなし、新しく薬を飲みだしたわけでもなし。

「いつも同じほうを向いたときですか?」

「そう」ジョンの目がこちらを見上げる。「下を向いたときと、右を向いたときにひどくなる」

めまいが特定の姿勢のときにだけ起こる場合は、「体位性めまい」という便利なことばでくくれる。ふいに重篤な症状に見舞われる場合は、「発作性めまい」という。耳の専門医が最終的につけたがるのは、悪性かつ進行性のものによる病気か、良性かつ根本的に自己限定性のものか、の区別だ。ジョンの病気はまずもって後者で、つまり、婉曲表現でありながら申し分なく説明的な耳鼻咽喉科学の専門用語でいう「良性発作性頭位めまい症」、略してＢＰＰＶを患っていた。この症状自体は大昔からあったのだが、*ずっと命名されずに来て、一九二一年、ローベルト・バーラーニというウィーンの内科医が、やっと「突発性めまい」と名づけた。

かつては、ＢＰＰＶのときには、卵形嚢と球形嚢の耳石が間違った膜につくようになる、と思われていた。つまり、三半規管の底の膨らんだところにある「クプラ」〔感覚細胞が集まったもの〕につく。そして耳石それ自体がクプラのかたちを歪めた結果、首の動きの向きについて混乱したメッセージが脳に送られることになる、と考えられた。治療はもっぱら、吐き気をもよおす姿勢を、感覚が麻痺するまで

＊　ヒポクラテスは『箴言』第三章一七で、これを南風のせいと述べている〔『ヒポクラテス全集』第2巻、大槻真一郎編集・翻訳責任、エンタプライズ、五三三頁〕。

患者にとらせ続けるというもので、これは効くこともあった。症状が重くて再発を繰り返す場合は、開頭して、内耳に繋がっている神経の一部を切断することもあったが、これには耳が聞こえなくなるリスクがあった。こういった治療は極端に思えるが、寄せては返す吐き気と空間識失調の波に見舞われた患者たちは、それでも感謝したものだった。

一九八〇年代になって、ジョン・エプリーというアメリカ人耳鼻科医が、新たな理論を打ち立てて提案する。* エプリーは、BPPVが起こるのは、耳石が間違った膜へ付着するせいではない、壊れて三半規管のなかを自由に転げ回るようになった耳石が渦を巻き、それが脳に動作と受け取られるせいだ、と考えた。自宅のガレージにあったホースの切れ端を使って内耳の模型をつくると、エプリーはさまざまな方向へ模型を動かして、耳石を取り除いてうまく三半規管の外に送り出せないか、そしてさほど感度がよくないところに移動させられないか、やってみた。この簡単な方法から、エプリーは、診察室のベッドで患者に行ってもらえる、一連の簡単な動作を見つけ出す。じっさいに臨床実験を始めてみると、長年BPPVに悩まされてきた人たちでさえ治せるとわかった。一連の動作をしてもらっても効き目がない場合は、あらかじめ患者の両耳の後ろのところで頭蓋骨にバイブレーターを当てて、付着している耳石を取り除きやすくしてから、また動作をしてもらうと、治癒率がずっと高くなることもわかった。

高額なBPPV治療を薦めるのが商売に欠かせない医師たちは、エプリーの方法に懐疑的で、患者の頭にバイブレーターを当てていたことをあげつらって、エプリーに変人のレッテルを貼った。学会では笑い者にされ、開業資格なしと告発してくる者もいた。エプリー法は一九八〇年代はじめには完成していたが、その害がなく、効きめがあり、薬剤も手術もいらない体位性めまいの治療法が、同業者も認める専門誌に掲載されるまでには、一〇年かかった。[1] そして世界じゅうの総合病院に浸透するまでには、さらに数年かかった。

エプリー法はだれにでもできる。一連の動作をインターネットでダウンロードして自宅で試せるし、ひとりででもできるが、首に痛みがあったり血行が悪かったりする人は注意すべきだ。わたしがこの動作のことを知って試みたのは、専門誌掲載からさらに一〇年以上経ってからのことだ。オレゴン州にあるエプリー自身のクリニックでは、九〇パーセントの治癒率を報告している。わたしがスコットランドでやりはじめたら、結果はただ驚くべきものだった。

ジョン・ワーヴェルを寝室に連れていくと、ベッドの端に座ってもらい、寝るときと逆に、枕のほうに足を伸ばすよう頼んだ。ジョンの耳が小さくて、奇妙に入り組んでいて、オウムガイの貝殻のように渦を巻いているのに気づく。その両耳に自分の両手をあてがうと、わたしはジョンの上半身をまっすぐ後ろに倒していって、首がベッドの端から下に垂れるようにし、そのまま顎が左肩のほうを向くようにさせる。これは、頭をある角度で重力に従わせる姿勢で、エプリーの予測では、左耳側の耳石が三半規管のなかを移動しはじめるようになる。二、三秒、そのままの姿勢でいてもらう。

「なんにもならんが」ジョンの額のしわが深くなる。「こんなことでめまいが治るとでも言うのか?」

もう一度あおむけに倒れてもらい、今度は顎が右肩を向くようにさせると、ジョンの全身はこわばり、

* 一九六〇年代、エプリーは最初期の人工内耳の開発に没頭していた。

目は明滅するオシロスコープの波形のようにけいれんしはじめる——脳が、自分が迷宮のなかで動いていると錯覚して、目を泳がせているのだ。「ほら！」ジョンが歯を食いしばりながらつぶやく。「悪くしてるじゃないか！」

一九五〇年代には、右側の三半規管がＢＰＰＶを患っていれば、あおむけの姿勢で顔を右に向けるといちばん発作が起こりやすい、ということが判明していた。三〇秒その姿勢のままでいてもらうと、ジョンの目のけいれんがおさまってきた。そのジョンの首を、ベッドの端でのけぞった状態のまま、ゆっくりと九〇度左に回して、さっきのように顎が左肩を向くようにさせる。またかまいが起こるが、さほど激しくはない。これでまた三〇秒いてもらい、顎の角度を動かさないようにしながら、今度はからだを左側が下になるように転がして、顔が床を向くかっこうにさせる。ジョンの全身から力が抜け、食いしばっていた歯も楽になる——もう症状は落ち着いてきている。さらに三〇秒そのままでいてもらうと、わたしはジョンを起こして座らせ、ゆっくり顎を上げてヘッドボードのほうを見てください、と言う。

「いまはいかがですか？」

ジョンは一瞬ためらってから、おそるおそる肩越しに右を見る。「いまんとこ大丈夫だな」そう言いながら、脚をベッドから離してぶらぶらさせる。

「立ってかがんでみてください」

ジョンは立ち上がって前かがみになり、右のほうに顔を向ける——さっきまではめまいを引き起こしていた動作だ。「魔法みたいだ……ヴードゥー秘術だ！」

どうしてこんなに簡単で安全で有効な治療法なのに、学会誌に掲載されるのに一〇年もかかったのだろう？　医師は合理主義者だとか、医学界には先入見がなく、新しいアイディアに開かれている、つまり最善の科学がめざすべき姿をしている、だとか思うのは間違っている。医者というものは、ほかのどんな職業ともまったく同じように、偏見と保身に傾きがちだ――だからこそわたしたちは自分たちの仕事を、より高い水準にちゃんと保っていけるのだ。

エプリー法の簡単さと効果のほどは手品でも使うようだが、いっぽうで、現代医学が進歩を遂げるあらゆる場面で、人体とそのありようがいまだにわたしたちを驚かすものだということを、思い出させてくれもする。エプリー法以前は、あまりにひどくて耐えがたいめまいの症状をどう治療していいものやら、医師は途方に暮れていたのだから。心強いのは、ＢＰＰＶの問題を解決したのが、王道の技術の進歩――新しいタイプのＣＴスキャナやマイクロ手術の方法といったもの――ではなくて、ちょっとした創造性に富んだ発想と、ちょっとしたガレージと、ちょっとした長さのビニールホースだけだったことだ。

胸部

6 肺

生命の息

一方の側には天国の火がある。軽く、薄く、どの方向から見ても、それ自体と同じ大きさである……反対側には闇夜がある。小さく、重い体をしている。

――パルメニデス『自然について』

かつて勤めていた救急外来には、隠し扉があって、小さな裏庭に通じていた。救急車が到着するまでに患者さんが亡くなっていた場合、そこに運ばれる。ライトを明滅させて正面入口に着くのではなく、そのドアが控えめにノックされて、医師のだれかが出ていって死亡確認を行い、それからご遺体は霊安室に移される。

死亡確認のさい、しなければならない仕事は三つだけだ。目を懐中電灯で照らして、光に反応して瞳孔が小さくなるかどうか見ること。首のところで頸動脈を探して、脈があるかどうか確かめること。聴診器を胸に当てて、息があるかどうか聴くこと。息がいちばん多くを物語る。ルネサンス期には、肺が空気を出し入れしているかどうか診るのに、唇のうえに羽毛を一枚のせていた。教科書には、まる一分間聴診するよう書いてあるが、わたしは長めに聴くようにしている――死戦期呼吸や、心臓の最後のささやかな鼓動を聞き逃さないか心配だから。とはいえ、乳白色をして生気のない目の表面を診ただけで、いつも本当に亡くなっていると確信するにじゅうぶんだ。大きく開いた瞳孔の空虚さは、もうひとつのことを知らせる——奈落の底を見ている、と。

ある夜のこと、エディンバラにあるたくさんの橋のひとつから下の道路に飛び降りて、亡くなって到着した男性がいた。記録部から届いたカルテから、その週のうちに精神科で診ていた患者さんで、「落ち着いている」と評価していたとわかった。現場に居合わせた人は、ためらうようすもなかったと証言している。まるで何かたいせつなものを下に落としてしまって、それを拾いに行くかのように、ただひらりと欄干を跳び越えて、死に向かった、と。

むごいご遺体だった。首はひどく骨折して変形し、舌と首は腫れ上がっていた。とはいえ、かすり傷程度で出血もほとんどない——心臓は衝撃とほぼ同時に止まったようだ。わたしは懐中電灯で目を照らし、虚ろなまなざしに光が落ちるのを観察する——瞳孔は小さくならず、表面は光を反射しない。頸動脈に行こうとして、思いがけないものに触れる。指先にはじけるようなパチッとした感覚があったのだ。脈がないことを確認して聴診器を胸に押し当てると、さっきと同じパチパチ音が、イヤピースを通じて大音量で聞こえる。肺が破裂したのだと気づいた——道路に打ちつけたときに、圧迫されて爆発したのだ。はじける感じとパチパチ音は空気によるもので、ふつうは肺に入っているはずの空気が、からだのほかの組織へ移動していったのだろう。

液体と気体は、ちょうど水平線が海と空を分かつように、からだのなかで別のところに入っていく。たとえ目や脈や息の音からは亡くなっている確証が得られなかったとしても、この空気の音で確認できていただろう。呼吸そのものの音が聞こえないのを聴診しながら、橋から身を投げるのはどんな気分だろう、と想像した。どんなに身軽で自由に感じるだろう、もし重力に、そして絶望という闇に引かれて、地に落ちるのでさえなければ。

肺はからだのなかでもいちばんわかりやすい器官だ。ほとんど空気でできているからだ。「肺 lung」ということばは、ゲルマン語の lungen に由来し、そもそもは他のインド＝ヨーロッパ語族のことばで「光 light」を表す語が起源になる。

東洋医学とアーユルヴェーダと古代ギリシャ医学のどれもが、空気には目に見えない精気もしくはエネルギーがあるとしてきた（順にそれぞれ、気、プラーナ、プネウマと呼ばれる）。その見方によると、わたしたちのからだは精気に浴し、わたしたちの肺は精神的なものと身体《しんたい》という世界の架け橋、ということになる。ギリシャ人にとっては、ヨハネによる福音書が寿《ことほ》いでいるように、第一義はロゴス――言《ことば》――で、存在は、息によってつくられる音声を通して、在《あ》るようになった。書き物には、音読をまったく意図されていなくても、読み手の息継ぎに準じて、句読点が打ってあることがよくある。

肺が精気のように軽いのは、その組織がじつに薄くて繊細だからだ。肺のなかの膜は、落葉樹の葉が大気に最大限さらされるのと同じくらい、吸気に最大限さらされるようになっている。葉が二酸化炭素を吸収して酸素を放出するのとちょうど同じように、肺は酸素を吸収して二酸化炭素を放出する。大人の両肺の膜を広げたら、一〇〇〇平方フィート〔約九三平方メートル〕になる。これは樹齢一五年から二〇年の楢の木一本分の葉の総面積とほぼ同じだ。聴診していると、肺の膜を通して気体が流れるのが聞

こえる。そよ風にざわめく葉のようだ。医師が呼吸音を聴くのは、そのざわめきを聴く必要があるから。肺呼吸が空に繋がって開けているようすを――空気の軽やかさと自由運動を。

医師は肺が丈夫かどうかを聴き取るのに、聴診器を用いる。もし腫瘍や肺炎で組織が硬くなっていれば、雑音のない呼吸音ではなく、ヒューヒュー、パチパチと、病気のときの音が聞こえる。「声帯共鳴の増大」にも聞き耳を立てる。これは、患者がしゃべることばが伝達されるときのパチパチ音だ。「気管支呼吸音」も聴取する。こちらは、太い気管を空気が通るときのヒューヒュー音。こういった音は、健康な組織からは聞こえないが、肺が重く硬くなったら音質特性が変わって、聞こえるようになる。肺炎の場合は、腫瘍と違い、ヒューヒューでもパチパチでもない「捻髪《ねんはつ》音《おん》」が聞こえることがよくある。微小な膜どうしが膿や粘液でくっついているときの音だ。そうなると、膜と膜のあいだに何千何万という水泡ができて、一息つくたびにはじけて潰れるため、両肺が薄いエアクッションで包まれているような音になるのだ。

肺について考えるとき、心に浮かぶのは、光や軽妙さや活力だ。病気になると、肺は明るさと軽やかさを失う。肺そのものが、わたしたちを墓に引っぱる重りになる。

ビル・ディワートが最初に訴えたのは、咳だった。乾いた空咳が、昼はしゃべる合間合間に出るし、夜はそのせいで妻に何度もあばらを小突かれる。ハンチングをかぶって杖をついてはいたが、齢七六にして頑丈で、配管工の仕事を続けていた。顔は年より若く見え、老いがいつのまにか自分に忍び寄っていたことにびっくりしたような表情を浮かべている。「仕事をやめてなんになるってんだ？」退職について質問したら、そう訊き返す。「一日じゅう家でごろごろして、女房の尻に敷かれてよ」

「たばこはどれくらいお吸いになりますか？」右手の指がヤニで汚れているのに気づいて、尋ねる。

「一日四〇本、六五年間」とビル。「まだやめる気はないな！」言うと笑い、頬の横じわが深くなる。「タバコ！」言いながら、黄ばんだ指を振ってみせる。「あんたら医者はそればっかりだ！」

流量計を通して呼吸してもらい、どれだけ速く胸から息を吐き出せるかを調べた。年齢の正常値よりは遅かったが、それは喫煙が説明している。手を貸してシャツを脱いでもらい、背中に左手をつけて、その手の指を右手の中指で叩いてゆく。健康な肺の場合、こうするとミュートをつけたドラムのような音がする。響きのいい柔らかい音で、左手にほんの少し弾みがつく。肺の組織が硬くなっていたり、水がたまっていたりすれば、ドラムの皮ではなく枠を叩いているような音になる。鈍くて硬く、まるで弾みがつかない。

胸じゅう、背中じゅうを叩いた。前に回って後ろに回って、上も真ん中も下も。どこもうつろな音がする。同じルートを聴診器でたどってみた。どこも柔らかくざわめく木の葉のような音がする――手にも、肺が硬くなっていると感じる箇所はまったくない。最後に、「ナインティ - ナイン ninety-nine」と言ってもらいながら、同じところに耳を傾けた（「n」の音は胸部にとりわけよく響く）。左を聴いても右を聴いても、上のほうも下のほうも、前も後ろも、伝わってくる音は柔らかくぼやけている。硬化した肺から伝わってくるはずのパチパチいう音は、どこからも聞こえない。

「肺炎ではないようですし」とわたし。「飲んでいらっしゃる薬のせいで咳が出ることもありません」。ビルの顔からヤニのついた指先までをさっと見る。「が、ちょっと血液検査をしたいと思います。それから、胸のレントゲンを撮らせてください」

呼吸器内科の病棟には、指導医が二人いた。ひとりは女性の先生で、臨床検査の高邁なる伝統に与《くみ》することを主張し、胸の打診法の練習をさせるのに、電話帳の下にコインを敷かせた。「目を閉じて、電話帳を叩いてください」と先生、「コインのところでは音の響きが少し違います」。先生の弁によると、肺の検査は鋭敏かつ繊細な技術で、臨床でキャリアを積めば積むほど巧くなるものだった。もうひとり、男性の先生のほうは、この打診法を、性格を推し量るのに頭蓋骨の凹凸を検査して回るに等しいもの、もしくは、糖尿かどうかを確かめるべく尿のテイスティングをするに等しいもの、と考えていた。最初のレクチャーで、この先生は胸部X線写真を窓のところに掲げた。「これ」と先生、「これが胸部検査の方法。X線」。

ビル・ディワートのX線写真はほぼ正常に見えた。気管は一直線で、気管支で左右の肺に枝分かれしている。肺そのものは暗く、腫瘤や肺炎をほのめかすような影はどこにも見当たらない。もし暗すぎるところがあったとしても、六五年間の喫煙習慣が引き起こした肺気腫だろう。ビルの心臓は、胸囲があるわりには平均的な大きさで、横隔膜の輪郭は、ぼやけるどころかくっきりしている。肺気腫は別として、唯一目に留まった異変は、右腕側の肋骨にある節のような膨らみだった。「肋骨を骨折したことが?」

「ああ」ビルは思い出して、顔を曇らせる。「だけどヤツのほうはもっとひどい落ちっぷりだった」

「総じて言うなら、咳が出る理由はないんですよ」とわたし。

「あっという間によくなるだろうよ」ビルは言うが、わたしには確証がもてない。

「吸入器を試してくださいね。痰のサンプルも送ってください。来週またお越しくださいね」

「咳がひどくなるばっかりなんだ」再診に来て、ビルが言う。「それだけじゃなくって、女房はおれが痩せてきたって言う。馬みたいに食うのに、ちっとも太れない」。またもわたしはビルの肺の葉気管支をひとつずつ叩いてゆく。そしてまたもその音に耳を傾けるが、異常な音はまるで聞こえない。「それにこの吸入器、時間のムダだよ」

「まだはじめたばかりですし」とわたし。「使い続けるだけのことはありますから」

「まあ、あんまりは続けられんよ」とビル。「こっちのほうの寿命が尽きちまうだろうしな」

ビルには高カロリーの栄養ドリンクを飲んでもらうことにし、栄養士の作成したアドバイスシートを渡す。食間にチョコレートバーを食べ、あらゆる食事にチーズをたっぷりかけるよう書いてある。それから経過観察のためのX線の段取りをし、呼吸器内科の専門医に紹介状を書いて、胸部CTスキャンを

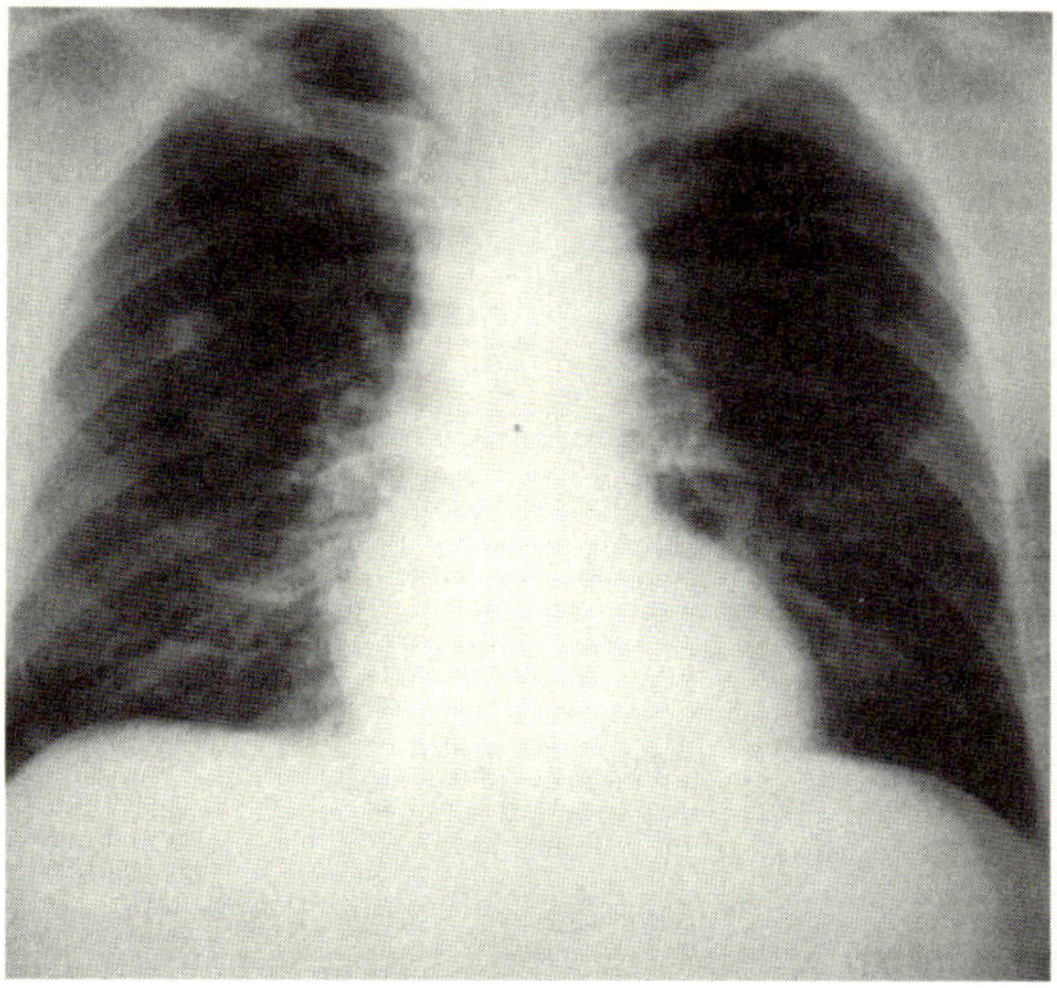

依頼したい旨を伝えた。

今度のX線の結果は、翌日にはEメールで届いた――郵便を待つほど悠長な場合ではない、と放射線科医が踏んだのだろう。「前回撮影時のフィルムと比較済み」とある。「縦隔《じゅうかく》にわずかに拡張あり、右主要気管支の変形から気管分岐部《サブカリナル》のリンパ節腫張が示唆される。CTによる精査を推奨する」

放射線科医が言及した「分岐部《カリナ》」とは、気管支が二本の管に枝分かれする部分のことで、左右の肺それぞれに一カ所ずつある。“*Carina*”は「隆起状構造《キール》」を意味するラテン語で、ボートの船体底の接合部をキールと言うのと同じく、からだのなかで二枚の斜面が接するところの接線の、突起している側を言うのに用いる。からだにはほかに二カ所、カリナがある。ひとつは脳にあるアーチ状をした線維束の下、二つの大脳半球の記憶にかかわる部分が繋がっているところで、もうひとつは膣の下部、尿道が膣壁を接合しているところだ。

気管カリナは、人間の気道のなかでもいちばん感度の高い箇所だ。そこからどんなものでも気管へ落ちてゆく。ひょいと入ったピーナッツや、喉に詰まらせた食べ物の塊などが、まずそこに行きがちだ。そこが敏感でなければならないのは、肺に落ちたどんなものであれ、ただちに咳とともに出さないといけないからで、さもないと肺炎や窒息を起こしかねない。そのあたりが腫れると、独特のしつこくて苦しい咳に悩まされるが、これはからだが、炎症を起こすものはなんであれ外に出そうとするからだ。放射線科医は、気管支の組織のこの隆起部の下にあるリンパ節が、重くなって腫れていると言ってきていて、つまり荷を載せすぎたボートのように、船底に当たる気道が膨らんでいるのだ。

ＣＴスキャンは、ビルの気管の端っこあたりのリンパ節が腫れているばかりか、気道、動脈、静脈が肺に出入りするあたりも腫れていることを証していた。このあたりのリンパ節は、肺の組織にたまった水を流し出していて、ここが腫れているという事実が、腫瘍細胞の重みで垂れ下がっていることを示している。しかし違う可能性もある。肺炎や免疫性の病気の可能性だ。どれかを確かめるには、ビルに生検を受けてもらわなければならない。

口を開いて両手に息を吹きかけると、暖かく湿って感じる。唇をすぼめてやってみると、今度は冷たく感じる。ルネサンス期には、魂がどこよりもしっかりからだにくっついているのが、唇だと考えられていた。なんといっても、生命の息がからだに出入りする場所だ。形を変えただけで息が暖かくなったり冷たくなったりするのが、口に生命力があるまぎれもない証拠だと思われていた。事実はそれよりもいささか退屈だ。唇をすぼめると息に圧力がかかる。その加圧された息がまた膨張するのに、手から熱

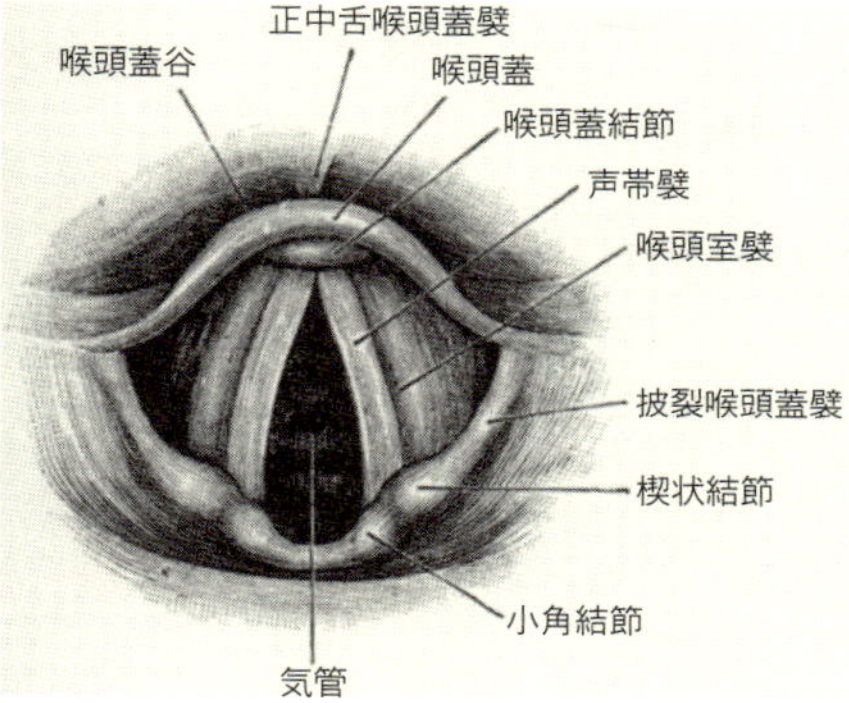

を奪うので、冷たく感じるのだ。
鼻で息を吸うと、息は「鼻甲介《タービネイツ》」という軟骨のひだに向かい、これがタービン翼のように息を巻きこむ。鼻甲介は息を遅くし、温め、湿気を与えてから、鼻の奥、背骨のいちばん上と頭蓋骨の継ぎ目があるところに送る。そこ――「後鼻孔」――から、息は角度を下に変えて、舌根の向こう側、喉頭軟骨《こうとうなんこつ》のなかへと降り、仮声帯と真声帯のあいだに向かう。息から声をつくる構造の図には、複雑な名前がついている。麦粒軟骨、小角軟骨、披裂軟骨。楔状結節に披裂喉頭蓋襞。
こういったさまざまなところが声の音高を決め、それにしたがって喉頭の筋肉は張力を変え、驚きの叫びを上げたり、アリアを歌ったりする。声帯から出た声はさらに五、六インチ〔約一三〜一四センチ〕気管カリナのほうに進み、それから船底のまわりの水のように、その気流が左右の肺に分かれていく。
右肺が左肺より大きいのは、心臓の巨体に圧迫されていないからだ。右肺に通じる気道のほうが垂直に近い――もしピーナッツやボタンが吸いこまれたら、右肺に落ちやすい。大血管が出入りする肺根から、木の葉のような末梢の膜まで、肺の気道は一本の木に似ている——専門家でさえ、そのようすを表すのに「気管支樹」という用語を使う。気道の構造が慎重に解き明かされてきたのは、子どもたちが気道にものを詰まらせたときに体外に出すためだけではなく、外科学に役立たせるためでもある。もし肺腫瘍や肺根や気管支を切除したければ、病変があるところとともに、そこに繋がっている気道の枝も取り除かなければならない。

リンパ節生検の結果は恐れていたものだった。X線写真には影がなかったのに、肺がんが見つかったのだ。腫瘍の位置と、それがすでに大きくなっている事実は、外科手術という選択肢がないことを意味した。ある器官のなかで増大するがんの量を表すのに、医者は奇妙な用語を使う。「負荷《バーデン》」というのだ。肺が重くなればなるほど、ビルのからだと声は軽く、弱々しくなっていった。はじめのうちは、それでもなんとかクリニックまで足を運んでいたが、生検から二カ月も経たないうちに、わたしのほうが、だいたい二週間ごとだが、自転車でお宅までうかがうようになった。ビルはいままで以上に頑なになった。診察のあいだはいつも手にたばこを挟み、膨らませた小鼻から二本の煙突のように煙を吹き出している。わざわざ禁煙しても遅すぎると決めこんだようだ。煙がビルの頭の上に浮かんで雲をなすと、ビルのことばに形と実体がそなわったかのようだった。

何週間も経つうちに腫瘍は大きくなり、ビルの肺が重くなるにつれ、胸の聴診で聞こえる音も変わってきた。もう息が気管カリナのところでヒューヒューいうのが聞こえるし、硬化した肺を通して伝わる声は、はっきりとパリパリしている。ほどなくして家のなかを歩くのに酸素が必要になって、吸入用の細いチューブを耳にかけて鼻に通すようになった。酸素は喫煙者の家のなかでは危険とされるので、ビルにとうとうたばこをやめる口実ができた。やめるのがどんなに大変だったか訊くと、その顔に持ち前の笑顔がパッと浮かぶ。「屁でもなかったわ。何年も前にやめるべきだったよ」

診断を受けたのが秋で、春まではリビングから肘掛け椅子がもっていかれて、電動ベッドが据えられた。「すごいぞ、先生」上げ下げしたり、上半身だけ起こしたり倒したりするリモコンをわたしに見せながら、にやりとする。「こいつに寝られるんだ、がんになった甲斐があるってもんだ」。ビルは笑うが、奥さんは笑わない。

地中のトンネルが本当に息をしている風景というものがある。白亜の風景のことが多く、そのトンネルは日中は熱を浴びて息を吐き、夜は地面の冷たさに息を吸う。ある日の午後、ようすを見に行くと、ビルの呼吸がそんなふうだった。冷たくて、ゆっくりしていて、地下深くにいた思い出を運んでいる。「先生、あっち見て」そう言うと、丘のほうを指差す。春を迎えて木立が青葉になっている。「あの林の向こうは何か知ってるかい?」

わたしは指差されたほうを見る。「いいえ、この角度からじゃ、よくわかりません」

「火葬場だよ」とビル。ちょっと間を置いて、続ける。「怖くはない。こんなに息苦しいと動くのもたいへんで、それであの煙突の煙が見えて。あっちに行くのも悪くないと思ってるんだ、ああやって街じゅうに吹くのもな」

風は目に見えず、精気のように軽やかで、風とわかるのは木の動きと煙からだけで、その煙はその日は少なくともだれかほかの人の灰を運んでいた。

7 心臓
カモメのざわめきと潮の満ち引き

聞きたまえ！　この鼓動が、柔らかな太鼓のように、
近づく我が身から打ち、汝に我が到来を告げるのを。
——主教ヘンリー・キング『葬儀』

聴診器が発明される以前は、医師は横になった患者の胸に直接自分の片耳を押しつけて、心臓の音を聴いていた。わたしたちは、愛する人や、自分の親や子どもの胸に頭をもたせかけるのには慣れている。ところがわたしは、緊急の往診で、聴診器を忘れて慌てて飛び出してしまったことが一度ならずあり、そのときは伝統的なやりかたを試さざるをえなかった。他人の胸に耳をつけるのは、妙な感じだ——親密でいるのに孤立しているような。そんなときは、空いているほうの耳を指で塞ぐとよいだろう。周囲の雑音を消してしまったら、血液が心臓の心室と弁を通って流れていくのが聞こえだす。古代ギリシャ人は、こう考えていた。血液が心臓に向かうのは、肺で空気によって薄められた精気もしくはプネウマが、そこで血液と混ざり合うからだ、と。古代の人びとは、心臓のなかで攪拌《かくはん》が起こっている、風が海から波を立てるやりかたで空気が血液といっしょに泡立っている、と思っていたに違いない。はじめて

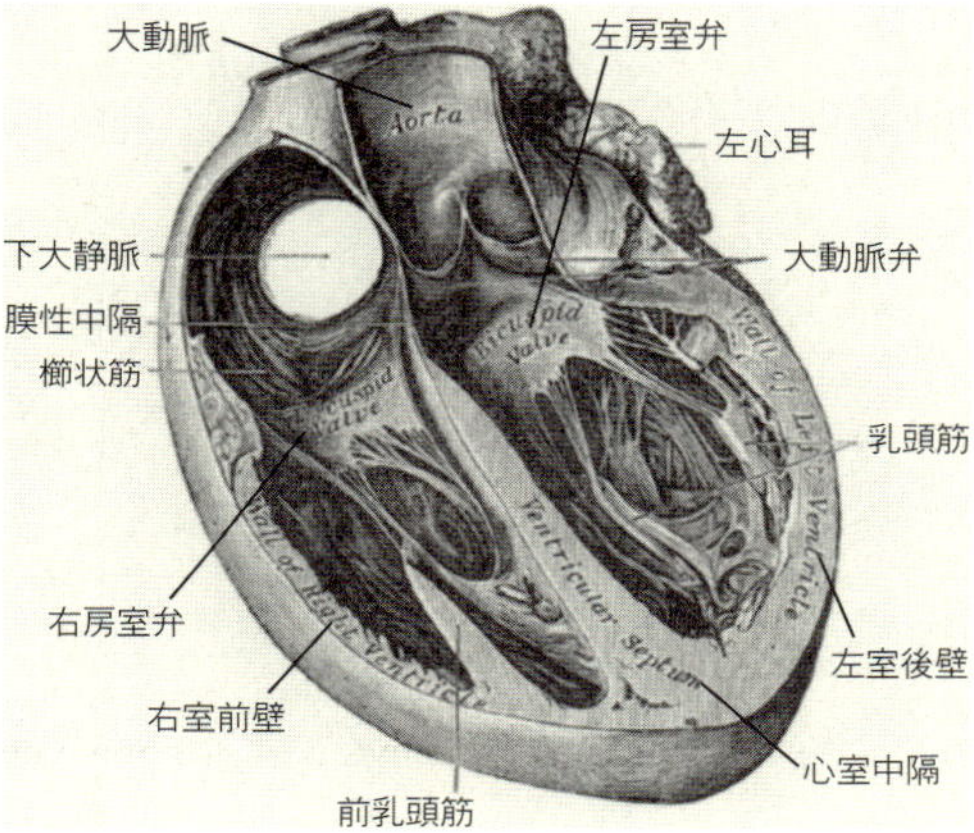

患者の胸に耳を当てたとき、子どものころホラ貝をもって、そのなかの想像上の大海に聞き耳を立てていた自分が蘇ってきた。

どんな液体も、狭い出口に押しやられれば乱流を起こす。狭い峡谷に押し寄せる川が耳をつんざく音を立てるのとちょうど同じで、心臓のなかの乱流は雑音を立てる。医学部生はこういった心雑音の微妙な違いをよく聞き分けて、そこから心臓の峡谷がどれくらい狭いか——または塞がっているか——を察知するよう教えこまれる。人間の心臓には弁が四枚ある。弁が閉じていると、二つの音がべつべつに聞こえる。いっぽうの音は、大きいほうの二枚の弁——僧《そう》帽弁《ぼうべん》と三尖弁《さんせんべん》——が、心臓が力いっぱいに血液を送り出すとき（収縮期として知られている）に同時に閉じる音で、血液が心室から押し出されて動脈に流れこむときに聞こえる。この二枚の弁はとても大きいので、しっかりした紐状のものがハープの弦のように弁の先についていて、補強をしている。もういっぽうの音は、小さいほうの二枚の弁——肺動脈弁と大動脈弁——が、心室がまた血液で満ちていくあいだ（拡張期）、逆流を防ぐさいに聞こえる。健康な心臓弁は、手袋をした指で革張りのテーブルを軽く叩くような、柔らかいトンという音を立てて閉まる。もし弁が硬化したり、機能不全を起こしたりしたら、余計な音が聞こえる。その雑音は、高音だったり低音だったり、大きすぎたり小さすぎたりするが、その違いは、病変がある弁のところの圧較差と、血流の乱れ具合による。

医療の道に進むにあたって、心雑音の入ったCDを聴いて、心臓弁の病態の違いを言えるようにした。「カモメ」から「音楽的な」ものまで、心雑音を潜在意識で区別できるようになりたい、僧帽弁逆流症の軋《きし》るような音から大動脈弁狭窄症《きょうさくしょう》の震えるような音まで識別したい、そう願いながら、身につくまで勉強したものだ。その途中、血液のドクドクいう音を聴くと、なんとも安らぐことがあった。海の音を思い出させるのだろうか、それとも、外の嵐の音を聞きながら温かいものにくるまっている感じと言えるだろうか、それにしては音がリズミカルすぎるとはいえ。たぶんこれは子宮だ、とわたしは考えたものだ、記憶の深いところにある母の鼓動だ、と。

手首やこめかみや首に感じる脈を生じさせるのは、一回ごとの心臓の伸縮、収縮期と拡張期のあいだの圧力差だ。脈はおなじみの生命の特徴だ。ことあるごとにだれかが、脈を生じさせずに膨らむ設計の人工心臓をあみだす。血液が、潮の満ち引きに従うのではなく、絶え間なく循環しながら、延々とからだのなかを流れ続けるというのは、どんな感じなのだろう?

「臨床《クリニカル》」用語と言うとき、ふつうはそこに感情が入っていないことを示唆する。しかしクリニックは、感情たっぷりのやりとりで溢れ返っている。ふだん暮らしていて、大人が泣くのを見ることはあまりないが、診察室のドアの陰では、日々ある。たいていの場合、医師は冷たい心の持ち主ではなく、つらい人たちを重荷から解放するのに熟練している。臨床用語から感情が失くなっていったのは、業界内で短縮されてきたからでもあるが、患者の痛みや落ちこみや苦しみから距離を置くためでもある。感情移入や同情と、ある程度の超然とした態度やプロ意識とのバランスをとるには、経験と相手の気持ちを理解する力が必要で、毎回うまくできる者などいない。ヒラリー・マンテル〔1〕がもっと容赦なく、しかし端的に書いている。「看護師と医師はエリートで、無神経にどんどん仕事を進められる程度にはうぬぼれている」

心臓が機能していないとき、脈がないことを表すのに使われる臨床用語は、気が利いているとは言えない。「血行動態の急激な悪化」なら、からだじゅうで血流がストップすること。症状が「呼吸困難、失神もしくは前胸部痛」をともなうなら、患者が息も絶え絶えで倒れて、胸を切り裂かれるような痛みを感じていること。心臓弁がまったく用をなさなくなって苦しんでいる人たちは、そもそも意識があるとすればだが、自分がもう死ぬと確信している――そしてそれはいつも当たる。医師はこの確信にさえ名前をつけていて、あまたある医学用語と同じように、それもラテン語だ。「アンゴル・アニミ *Angor animi*」すなわち「胸内苦悶」という。緊急治療室では、この感覚を深刻に受け止める。七〇歳の誕生日パーティの席で倒れた女性を、救急蘇生室で担当したことがある。看護師たちがドレスや真珠飾りを切っているあいだ、その患者さんはわたしの二の腕を摑んで、顔が近づくまで引っぱった。「助けて、先生！」目が恐怖で見開いている。「わたし、死ぬ」。ほとんど脈をとれなくなっており、あらゆる救命の努力もむなしく、数分のうちに亡くなった。

デカルト以来、顎から下はただ肉と管だけ、とわたしたちは思いがちだった。アンゴル・アニミは、人はそれだけではないことを示唆する。どうにかして、心臓弁がもう働いていないことや、大動脈壁の内側に亀裂が入ったり「解離」が起こったりしていることを、察知するのだ。ひとつの感覚として、アンゴル・アニミは大きな予測力をもつ。患者が死を確信したら、大急ぎで胸のＣＴスキャンを撮らせる。

とつぜん脈がふれなくなる原因は、心臓弁の失調ばかりではない。冠状動脈を通る血流に閉塞や血栓症が生じても、同じことが起こる。もし心室収縮を調整している刺激伝導系が酸素不足になったら、心筋が支離滅裂にけいれんしだすか、「細動になる」かもしれない。こうなると、電気ショックで規則的な筋収縮に戻さないかぎり、すぐに死が訪れる。閉塞が解消したりステントで拡張されたあとでさえ、この細動が癖になってしまう人もいる。除細動器の代わりになるペースメーカーが発達してきた――いまは患者が自分の生命維持装置、ジッポーのライターくらいの大きさのものを、胸のところの皮下に埋めこんで携帯できるのだ。ちょうど鎖骨の下にいい具合に納まってくれる。ペースメーカーをつけているある患者さんが、退役軍人だが、勲章をつけているようだと言ったことがある。「でもねえ」とその人。「作動した日には、墓から馬に蹴り戻されたような感じがするんだよ」

詩人で編集者のロビン・ロバートスンは、弁のひとつ――大動脈弁――のふつうは三つあるはずの弁《べん》尖《せん》が、二つしかない心臓をもって生まれた。大動脈弁は、大動脈から左心室に血液が逆流するのを防いでいる。弁尖それぞれは二つの部分からなっている。硬い結節と、もっと柔らかくてしなやかな、三日月形をした弁膜で、この膜は半月弁《ルヌラ》――「小さな月」――の名で知られている。健康な弁が閉じると、三つの結節が同時にぱたんと倒れ、それぞれ小さな月の弁膜を支えて、血液の動きを調整する。

もし弁尖が三つではなく二つしかなかったら、半月弁がきちんと合わさらず、血液が左心室に向かっ

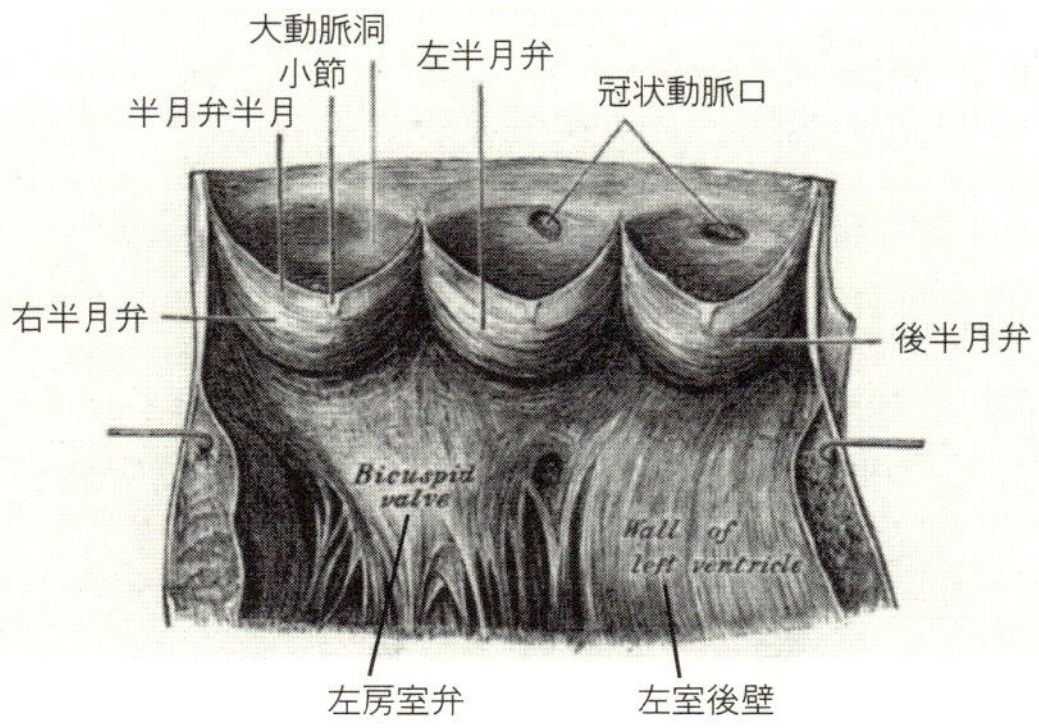

て逆噴出することになる。この血液の噴流が激しすぎると、目に見えるほどはっきりと、触れて感じられることがある。手のひらを胸骨につけると、漏れている弁がパタパタするのを、つまり「振戦」を感じる。ロバートスンの人生の最初の三〇年間は、二つの弁尖が一分間に七〇回から一〇〇回、一日に一〇万回ほど、一年間に四〇〇〇万回くらい閉じていた。が、そこで、耳障りなことから「カモメのざわめき」の名がある音が生じて、ロバートスンの心臓で激しいスコールが渦を巻き始めたのを示した。詩作品「二分割」は、弁を交換するのに受けることになった手術を叙述したものだ。

　この詩でロバートスンは、どのように自分の心臓が停められ、血液の循環と酸素供給が機械に乗っ取られたかを述べている。「贅沢にもタンタル製のケージに入って」いるカーボン加工されたディスクが、殺菌済みの包みから取り出されて、鉗子で血流を遮断してある大動脈のなかに縫いこまれる。手術から目が覚めたとき、ロバートスンは方向感覚を失った感じと幽体離脱した感じを覚える。「四時間自分の身体《からだ》を空けていて。／殺されかけてそのあとこの世に揺り戻されて」。血流中から麻酔とモルヒネが切れてしまうと、動くたびに胸骨を引き裂かれるような痛みが待っている。骨どうしが軋り合っているのだ。その痛みが和らぎだすや、ぞっとするような闇に気分が覆われる。「痛みが去って、黒いものが昇ってきて広がって、／「ポンプヘッド」と言う人もいるけれど／——人工心肺から漂ってきて／脳に達する屑のことを」

なぜ「ポンプヘッド」を体験する人がいるのかは、だれにもわからない。血液を体外に移されたさいに気分と認知に起こる障害のことだが、ある心胸郭部集中治療室の看護師長によると、三分の一もの患者が経験するようだ。多くの場合、意識が戻ったときに暴れる。強力な抗精神病薬を投与するあいだ、警備員が押さえておかなくてはならない。看護師長が言うには、「人が変わったよう」にしゃべり続ける人もいる。まるで自分のではないからだに適応させられているかのように。不穏当なことを口走ったり、制止が効かなくなったりする人もいる。牧師のはずが淫らな冗談ばかり言ったり、上品なはずの女性が口汚く悪態ばかり吐いたり、という話もある。

大動脈を遮断して心臓を血管から切り離すと、小さな脂肪粒が浮いてきて、鳥が群れるように脳の動脈に流れこみ、目の細かい毛細血管の網に引っかかるため、とする研究者もいる。人工心肺で発生した気泡が、脳の血流の微妙なバランスを崩すため、とする人もいる。ほとんど解明されていないのだが、脳内には炎症プロセスがあり、胸がこじ開けられ、肋骨が（ロバートスンがいみじくも述べたように「仰天したままで」）切り離されたショックで、そのプロセスが始まるため、とする研究者もいる。人工心肺は血液を冷却するから、「ポンプヘッド」は脳を冷やすことの副産物だとする人もいる。そして、もうひとつ説がある。人工心肺が実用化されて六〇年以上が経つが、いまだ生身の心臓の鼓動をそっくり真似ることはできていない。つまり、心臓に固有のリズムが、わたしたちが健やかでいるために不可欠なのではないか、という説だ。脳が働くのも、自分を自分と認識するのも、その心拍のおかげかもしれないのだ。

ウィリアム・ハーヴィ[2]が、古代人の考えは間違っていて、心臓は四つ部屋のあるポンプの働きをする、と気づいてから、四〇〇年近くが経った。ハーヴィの『動物の心臓ならびに血液の運動に関する解剖学的研究』の出版は一六二八年だが、それまで心臓の研究は、ローマ時代から進歩していなかった。だいたいわたしたちは、いまだに古来の考えが正しいかのように、心臓からは鼓動だけでなく心も生じるようによく言う。心ない人《ハートレス》とは、良心のない人、ひいては感情のない人だ。わたしたちは心痛《ハートエイク》に苛まれるし、欲心《ハーツ・デザイア》に駆られるし、傷心《ブロークン・ハート》がために死んだりもする。まるで、理性は頭にあるけれど、その舵取りをするのは心臓であるかのように、心身がせめぎ合うのを感じる。「ポンプヘッド」は脳内の気泡や、冷えや、脂肪や、炎症が現れたものかもしれないが、ロバートスンにとっては、心臓を停められ、血を機械のなかに通されるのは、「それより／そそられる気分」だった。そのせいでロバートスンは「二分割されて自分を舵取りできなくされて」しまう。「身体《からだ》を離れていて、天井に向かって／呟く、もうもとの自分じゃない」

冠動脈バイパス術の人工心肺には、人間の心臓の働きにかんする古来の考えと相通じるところがたくさんある。血液が胸の大血管から引きこまれ、それから酸素（もしくは「生命精気」）を吸収できる部屋に吸いこまれる。初期の人工心肺は、貯血槽を通して酸素を泡立てており、そのさいの攪拌めいたものこそが、アリストテレスが心室のなかで起こっていると想像していたものだった。しかし一九七〇年代中盤以降、わたしたちはこう疑うようになった。血液と空気は触れさせないようにしたほうがいい、使い捨ての人工皮膜で隔てておいたほうがいい、と。

いったん人工肺のなかを通ると、血液はローラーでチューブから絞り出されるか、遠心ポンプで引き抜かれる。そこから血液は、一連の除泡器やら冷却器やらを通らされ、それからセンサーにかけられて、酸性度や酸素濃度や塩分濃度を分析される。そして心臓のちょうど上にある大動脈に開けた切開部か、首の頸動脈か、鼠蹊部《そけいぶ》の大腿動脈かに管を入れて、体内に戻ることになる。人間のからだを配管とする見地からすれば、どこから血を戻そうとたいした違いはない。

一九九〇年代には、一流の科学紙誌のなかに、血液に心拍に似たパルスを与えながら戻した患者は、ただ流して送った場合よりも「ポンプヘッド」になりにくい、と主張する論文を載せるものが現れた。毛細血管と細胞は、顕微鏡レベルでは、静かなる生命工場の役割を担っているし、脳のなかでは、思考とパーソナリティに深く関わっている。毛細血管や細胞にとって、栄養を運んでくる血液が脈打っているほうがよいのは、データも示している。どんなによくできた人工心肺であれ、心臓の脈圧に似せたぎこちないパルスが関の山だとしても。

ロバートスンが詩を朗読するのを聞いた数日後、ひとりの妊婦さんがクリニックにやってきた。お腹の赤ちゃんが昨日から動いていないんです、心音を聴いていただけると安心なんですが。ふつうの聴診器は、子宮にいる赤ちゃんの心音を聴くのに役に立たない。心音が速すぎ、小さすぎ、高すぎるからだ。助産師は、胎児の心臓を見つけるのに、よく超音波ドップラーを使うが、わたしが使ったのは、ピナール型聴診器という古めかしいラッパ型聴診器に似た筒状の器具で、これを自分の片耳とお母さんのお腹の膨らんでいるところに渡す。ラッパの広がった先をつけるのにうってつけの場所は、赤ちゃんの丸まった背骨の外側とおぼしきところだ。聴診していないほうの耳を指で塞いでいても、心臓を見つけるのにやや時間がかかる——お母さんにとってはひどく心配な数分間だ。でも、ほら、聞こえた。ラプソディ風のシンコペーションでふたつの心音、お母さんのと赤ちゃんのとが、交互に聞こえてくる。胎児の心音は独特で、海のように広がるお母さんの心音にかぶさって、すばやく羽ばたいている鳥のようだ。わたしは一瞬だけそのまま、ふたつのリズムがひとつになるのに、ふたつの命がひとつのからだにあるのに、聞き入った。

*

「二分割」[1]

ロビン・ロバートスン

全身麻酔、胸骨正中切開は
胸骨鋸《のこ》で行われて、肋骨は
開創器に仰天したままで、チューブと
カニューレで血液は
貯血槽へ運ばれて、除泡槽へ運ばれて、

悪戦苦闘する大動脈は
鉗子で遮断されて、心臓は
冷やされて停められて乾くままになって。
機能不全の二尖の弁は摘出されて、
新しいのは――カーボン加工されたディスクは
贅沢にもタンタル製のケージに入って――
殺菌済みパウチを破り出て
生まれながらの心臓にずっしり植えこまれて、
持ち上げられて、縫い目をつけて据えつけられて。
大動脈は解き放たれて、心臓は動かされて。
外に出されて
機械内を循環していた血液は
戻るのを許されて。
開胸器は緩められて
管は外されて、胸骨は
接合ワイヤで固定されて、正中創は閉じられて。

四時間自分の身体《からだ》を空けていて。
殺されかけてそのあとこの世に揺り戻されて。

譫妄《せんもう》に中断が
入ってまた始まってそして、
モルヒネが切れて、胸を二分割されたままで
その胸が勝手に擦《こす》れて軋んで。
痛みが去って、黒いものが昇ってきて広がって、
「ポンプヘッド」と言う人もいるけれど
――人工心肺から漂ってきて
脳に達する屑のことを――けれどそれより
そそられる気分で。
二分割されて自分を舵取りできなくされて、
身体《からだ》を離れていて、天井に向かって
呟く、もうもとの自分じゃない。

8 乳房

回復の考え方ふたつ

治癒とは死の運命《さだめ》から救われることではなく、むしろその運命へとまた解き放たれること。わたしたちは自然へ、老いて変わりゆく可能性へと、還《もど》される。
——キャスリーン・ジェイミー『フリシュア』

恐ろしい病気のひとつ、乳がんは、老若問わず女性を苦しめるうえ、まるで珍しくないから、たいていの家庭医なら、ステージによらず数人は患者を知っているだろう。腫瘤《しゅりゅう》を摘出するさい、乳房《にゅうぼう》の外観を損なうことはよくあり、豊かな国々では美容整形手術の提供があって、瘢痕《はんこん》——つまり切除の痕——が生み出す悲痛を和らげる。顔と同じように、乳房は美しさ、若さの概念と複雑に絡み合っている。性や老化や生殖能力の喪失への不安を反映するからだ。乳腺専門外科医に期待される美容水準は、どんな専門医よりも高い——ファッション・デザイナーたちも胸を強調する、からだのほかの部分など考えもしないかのように。

乳房の特別なステイタスは、乳がんの臨床管理にももちこまれる。わたしが働いている都市では、胸のしこりが心配な女性は、たいていほかのがんを心配する人よりも早く、数日のうちに受診し、クリニックを出るまでに専門医にかかり、X線か超音波スキャンでしこりの画像を撮ってもらい、必要ならばその組織片を採って顕微鏡検査に回してもらっている。もしがんが見つかったら、まず帰宅までには、手術、化学療法、放射線療法という選択肢の説明を受けることになる。

乳腺専門医は、専門外科医のなかでもいちばん敷居が低いと思われている。患者の不安に敏《さと》く、臨床管理と経過観察を念入りに行う。とはいえ、いかに気遣いができたところで、やはり臨床医が働いているのはクリニックだ。「クリニカル」という言葉が、冷たく超然とした効率性と同義なのには、理由がある。わたし自身、地元の病院に入っていっても、ほっとする感じも癒される感じもしない。ガラスとスチールでできた正面玄関も、白塗りの廊下からなる迷宮も、小洒落た店が建ち並ぶ表通りも、何もかもがショッピング・モールや空港や展示場を思わせる。そこは、何千何万もの人びとを効率よくさばくのに特化した場所だ。個々の人たちの希望も不安も、人混みのなかにかき消されがちになる。

わたしが乳腺科の疾病について学んだのはエディンバラのウェスタン総合病院、一八六〇年代に困窮した人たちのための救貧院として始まったところだ。当時の建物が現存しているところもあって、近年の建築の構造のなかに落ち着いている。勤務医のころは、院内を歩きながら、廊下の幅が急に狭くなったり、床がふいに半階分も傾いたりするのが気になったものだ。ヴィクトリア時代とエドワード時代にさらに拡張工事が行われると、古い救貧院の建物は国営病院に様変わりした。乳腺科クリニックはもっとあとの建物で、一九六〇年代にできたが、当時しばらくは、科学をうまく導入すると業界規模で患者の回復が見込める、とでも思われていたようだ。

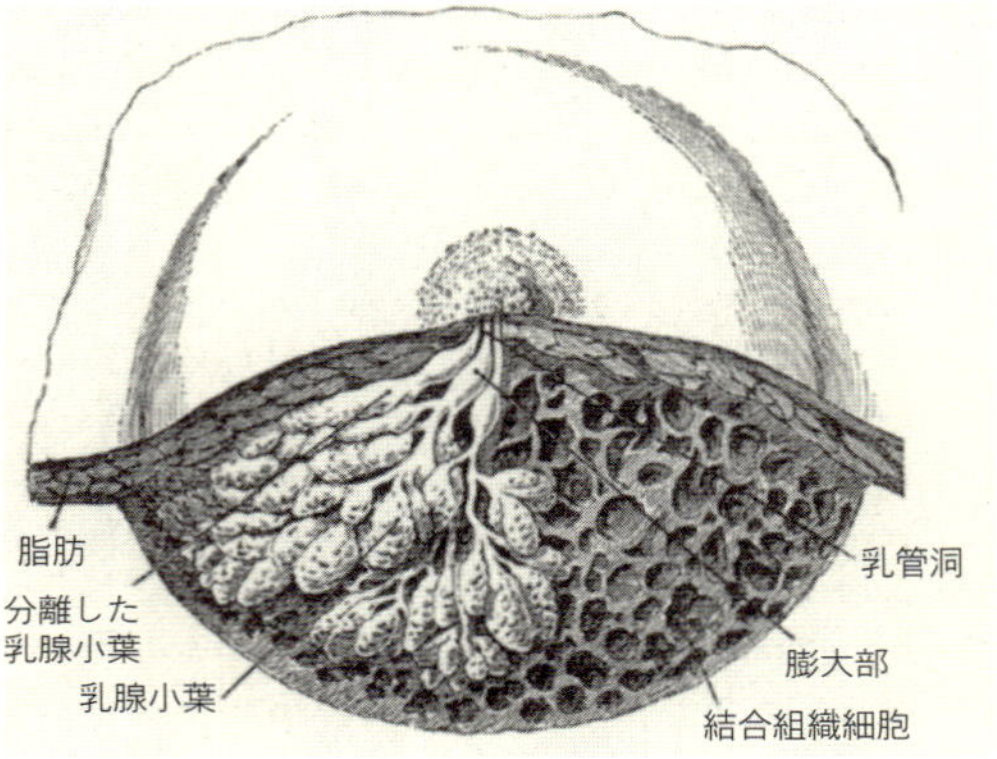

その乳腺科クリニックは資金が潤沢で、カーペットを敷いたり、趣味のいい写真を額に入れて飾ったり、壁をパステル調にしたりしていた。とはいえ、そこは紛うかたなくクリニックだった。待合室には耐久性と防水性をそなえた椅子が置いてあり、ほとんどの部屋には窓がない。思い出すのは、外科の同僚に案内されて、何部屋ものドアを抜けていきながら紹介された、何人もの女性たちの不安そうな顔。胸のしこりのせいで紹介状をもってきていた人たちだった。

来院患者のうち一〇人にひとりか二〇人にひとりは、がんと判明することになった。ほかの人たちのしこりはみんな良性。多くは線維腺腫——乳房の小葉のなかの乳汁をつくり出す組織が、靱帯と乳管からなる複雑な網目と絡み合うようになった状態——だった。心配かもしれないが害はない。それ以外のほとんどは線維嚢胞状変化——正常と見なしていいほどありふれたもの——だった。これは非がん性で、液体に満たされた乳房内の嚢胞を特徴としており、その嚢胞が、一回の生理周期のあいだに、月のように満ち欠けする。

線維腺腫の患者はふつう、精査をしなくても安心するものだ——しこりは特徴として痛みがなく、なめらかで触ると動き、若い人ほどよく見られる。線維嚢胞状変化のほうは痛みがあって、診断も難しくなる。そこで同僚が行っていたのが「穿刺《せんし》吸引細胞診」で、超音波スキャナーを見ながらしこりに針を刺し、嚢胞から琥珀《こはく》色の液体を採取する。たまに、さらに硬いしこりがまわりの組織と癒着しているのが見つかる——心配な徴候だ。そのときは、もっと太い針を使って生検を実施するか、患部が胸の奥深くの場合は、全身麻酔をかけて「腫瘤摘出手術」を行う。

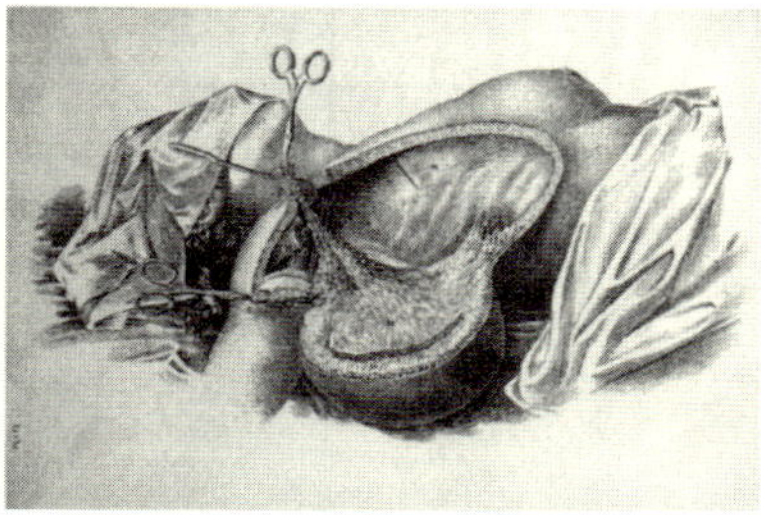

　クリニックには、手術でできた切開創がちゃんと治っていっているか診てもらいに来る人もいた。がんで乳房切除を行った人、乳房再建手術を受けた人、ときには乳房が重すぎて腰椎を捻挫するようになり、縮胸手術を受けた人もいた。次から次へとやってきては、一人ひとり小さなブースを割り当てられ、検査が手早くすむように看護師に着替えを手伝われる。診察は切開創のことばかり。順調に治っていますか、治っていませんか、見た目はどうですか。わたしに思い出せるかぎりでは、からだの変化とどう向き合っていますか、と訊かれた人はいない。

　診療を管理する側からすれば、回復とはだれにとっても均質な、判で押したような過程で、なるべく低コストでシステムに組みこまれ、量産されるべきなのかもしれない。ある秋の日、わたしは、乳がんからの回復について新しい視座を探っているユニークな展覧会を見に行った。美術家と詩人の共同制作で、かつてあのガラスとスチールでできた城壁の向こうで回復へのパスを手に入れた、ひとりの女性を観察したものだ。

　五〇歳で乳がんとわかってからも、詩人のキャスリーン・ジェイミーは、すぐには乳房再建手術をしなかった。腫瘤の摘出後、目が覚めると、Y字形の長い傷が自分の胸壁を囲んでいる。見下ろすと、子どものとき以来あった胸が平たくなっていて、皮膚の真下で心臓の音が聞こえるのがショックだった。快方に向かうなか、家で横になっていたとき、自分の傷とその傷が象徴する変容について考え始める。胸のまわりには新しい傷痕が線《ライン》になっていて、それを観察したジェイミーはこう書く。「行《ライン》が、詩では、言葉の可能性を広げ、沈黙から声を生み出す。美術家が最初にすることはなんだろう、新作にかかるときに？　線を引くこと。そしていま私には線がある。なかなかの線だ！」

　ジェイミーはからだについたその線から始めるが、そこに、よくも悪くも「自然界」として知られるものとの関連を見はじめる。地図、川、ばらの枝。治療をとおして多くの臨床医の目に晒されてきたジェイミーは、代わりに美術家に傷痕を見てもらうのはどうかと思いだす。友人の美術家、ブリジッド・コリンズに、傷痕に結びつくような絵と彫塑のシリーズをつくってもらえないか、と頼む。対等な立場のプロジェクトにしようと、ジェイミー自身も散文詩の短篇を書きはじめる。ジェイミーの詩とコリンズの美術は、それぞれそれを描写したり説明したりするべく制作されるというよりも、二人三脚で発展した――ふたりは同じ場所でべつべつに仕事をし、おたがいの反応を紡いだのだ。「だから回復していくことが共有体験になった」[1]とのちにコリンズは書いている。「それは過去と現在の両方の傷からの回復で、個人的なものとも万人共通のものとも受け取れる、自然界の体験を出発点にすれば」

　ふたりが開いた展覧会は、身体《しんたい》を視覚化するふたつの系譜に起源をもっていた。[2]まず考慮したのは、

チャールズ・ベルに遡る外科医兼画家や、教育のために疾病や損傷を図解した教材製作者のレンズを通して見た人体だ。美しく表現してあっても、そういった図画からはしばしば背景が切り離されている――描いてある人たちの人生と物語が。

もうひとつの系譜は、もっと遡って古代ギリシャの健康観に起源をもつもので、身体には宇宙が反映されている、という考えだった。からだがひとつの景色で、病気がその雄大な調和のなかのほんのわずかな大気の乱れだとすれば、わたしたちのまわりの世界には、内部バランスを修復するヒントがある。

ジェイミーはマンモグラフィで腫瘤を見ても、恐怖も感じず、脅威のしるしとも思わずに、「むしろ美しい、白く輝く円で、双眼鏡で眺めた満月のよう」と書く。療養中に庭に寝そべっていると、ナナカマドの木々に止まる鳥の群れが、硬くなった組織のX線画像を想起させる。鳥は「枝に鈴なり」だ。「ときには甘く奔放な音楽が聞こえてきそう」だと、ある詩に綴っている、「七竈《ななかまど》の葉のあいだで鳴っている音楽が」。庭のはるか遠くの音で思い出すのは、「結び目がひとりでにほどける音、世界の良性のささいなことの音」。添えてある絵のひとつは、ジェイミーの傷痕をナナカマドの枝に見立て、詩の文のうえにゲッソとセラック・ニスを重ね塗りし、その上からさらにやすりをかけて文字が見えるようにしていて、文章と葉が新しい生命を芽吹かせたかのようだ。別の

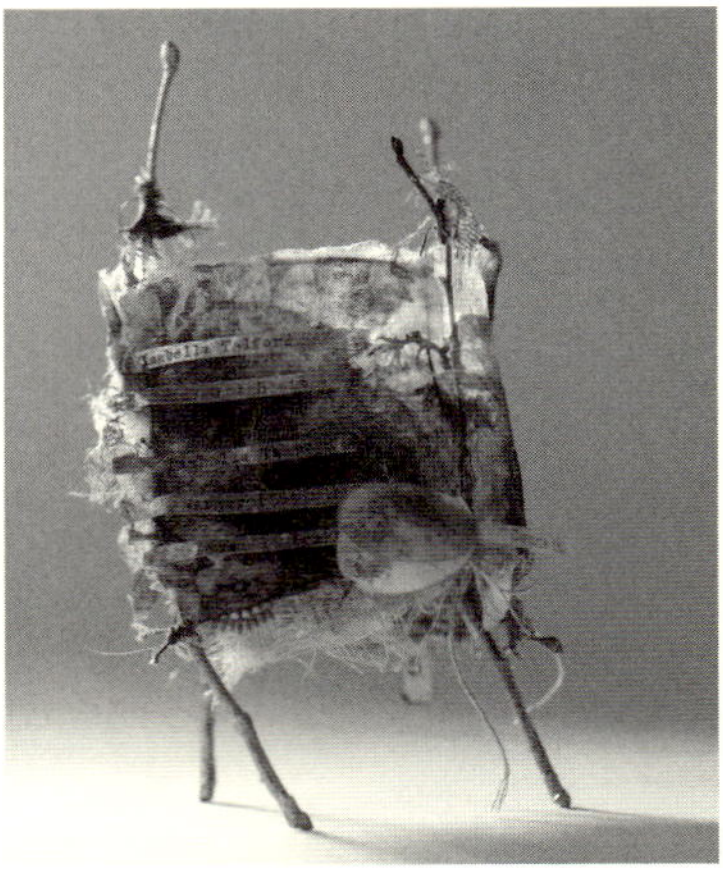

作品は、ロバート・バーンズ[1]の詩句「花をつかめば、花びらは散ってしまう You seize the flo'er, the bloom is shed[2]」を中心に据えたもので、それに着想を得た絵では、ジェイミーの傷痕をかたどった野ばらの枝が、中世の彩色写本のように色褪せたページに、浮かび上がっている。

　乳がんの特徴に、家族内発症、つまり世代を超えた女性たちのあいだで発現することがある。ジェイミーは子どものころ祖母の膝に乗り、その胸にからだを預けたのを覚えている。「祖母は自分の胸《ブレスト》を「ブレイスト」、おっぱい《ボソム》を「キスト」と言った」と、詩作品「遺伝2」にある。「「おいで、ちっちゃい看護婦さん、おばあちゃんだよ」そう呼んだものだ。「抱っこだよ、お嬢ちゃん」」。コリンズがこれに添えたオブジェの題は《キスト》だ。「保護の場」のつもりでつくった、とコリンズは書く、「女らしい抱擁、容れ物、裁縫箱、スカート、世界からかくまってくれる場所」と。

　ジェイミーとコリンズが共作した最後の作品がイメージしているのは、何千何万羽というツバメが川面を覆い

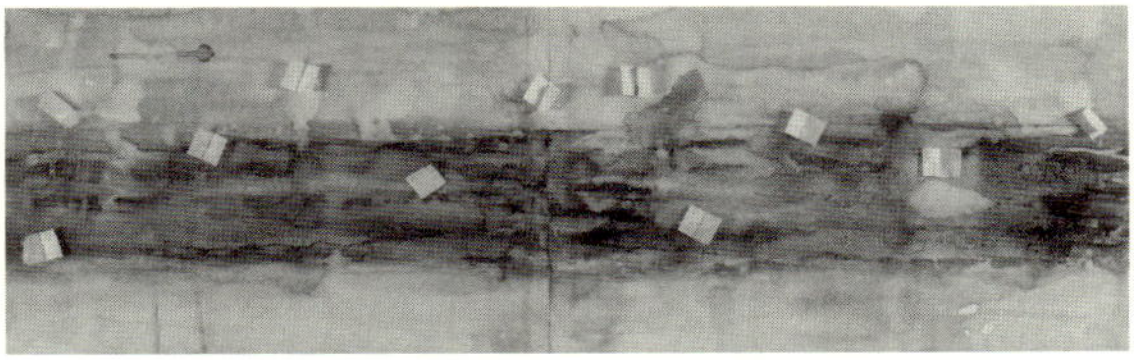

尽くし、秋の渡りにそなえて餌をついばんでいるところだ――ジェイミーが回復のうちにひと夏を終えようとしているのとちょうど同じように、ツバメたちは「川に別れのキスをしている」のだ、「心づもりをしながら、日が短くなってゆくなか、閉じる前に急いで通り抜けねばならない扉があるのを感じて」。治癒の時間は、耐え抜くものだけではなく、ありがたいものとも受け取れる。「手術からよくなっていくのは至福めいていた」と、ジェイミーは作品の序辞で述べている。「私のことをだれひとり求めていない……川べりを散歩して、何年かぶりにぐっすり眠った」

『フリシュア』というタイトルは、このプロジェクトを表すのにコリンズが造った語だ。傷痕は肌に入った亀裂《フィシュア》で、ジェイミーが述べているように、「傷ついた剝き出しのからだには、きっと戦慄《フリション》を覚える」からだ。ジェイミーの的確なことば選びと、感傷的でないところが、乳がんの予後から不安と苦痛を取り去り、祝福にしている。

わたしが乳腺科クリニックのなかを案内されて回り、並んだブースにいる半裸の女性たちにまみえたのは、そこの先生方が、それこそが「回復」について学ぶ正しい道だと思ったからだった。『フリシュア』は、わたしを新米医師時代に立ち返らせるレッスンになった――回復には復元の意味があり、それはわたしたちの内なる世界を復元するばかりか、わたしたちと外の世界とのかかわりをも復元してくれるのだ。

上肢

9 肩

腕《アームズ》と武器《アーマー》

（人間らは）木の葉と同じく、時あっては大層勢い熾んに栄えもしますが、
また時来れば　果敢なくも滅んでゆくもの。
――アポローンの言葉、『イーリアス』第二十一書、四六一〔1〕

救急医療の研修を受けるのは、人間らしさの海に洗われるようなものだ。そうよく感じていた。ポケット版の教科書は、船乗りのための水先案内の書のようだった。診療科そのものに船の機関室のように窓がないことはよくあったし、スタッフは甲板の当番の将校たちのように交代で働く。研修に参加するのは、海軍に入隊するのにちょっと似ている。医療スタッフのあいだに厳しい上下関係があること、ユニフォームが漂白してあること、行動規約があること、勤務のあとには酒宴があること。

その日は午後のシフトで、外は晴れていたが、救急科の奥には人工照明だけが灯っていた。無線のアラートがけたたましく鳴って、オートバイに乗っていてけがをした男性が救急車で向かっている、と知らせる。救急医療士のハリーが言うには、男性には息も意識もあるが、肩と胸をひどく負傷しているとのこと。ハリーとは救急科に来てから親しくなった。皮肉屋だが、外傷診療にかけてはとてつもない腕

をもつ、百戦錬磨の救急士だ。

無線連絡から数分後、ハリーが患者さんを押して急いで入ってきた。月のように青白い顔をし、黒髪を水兵風にした男性だ。わたしはまず硬いプラスチック製の頸椎カラーに、それから酸素マスクに目をやって、男性が自分で息をしているのにほっとする。ハリーは男性の革ジャンの左袖を裂いて、駆血帯を巻いて静脈確保をしてくれていた。それから、脱臼していそうな右腕にも副木を当ててくれていた——その右の手は折れた槍みたいに、手首のところでだらんと垂れ下がっていた。

「クリス・マクタロム」、ハリーが言う、「二五歳。カーブでバランスを崩したそうだ、七〇〜八〇キロは出てたって。それで横の壁に当たって、ハンドル越しにからだが投げ出された。道路わきに柱があって——そいつに肩から突っこんだらしい」

「どれくらい倒れてた?」とわたし。

「一〇分か一五分ってとこ」

「出血はあった?」

ハリーは首を振る。「一滴もない。輸液量は一リットル、血圧は上が一〇〇で下が六〇、脈拍は一一〇——傷はなし。運のいいやつだ」

「しゃべれるの?」

「まだそんなには。コーマ・スケールは二、瞳孔は正常」

わたしはクリスの上にかがみこんで調べ始めた。首は固定済みだし、呼吸は正常で酸素もたっぷり肺に送られている。脈は速いもののしっかりしているし、シーツに血のしみはない。* 左手の指先はピンク色で温かい。耳元で大声で「クリス！」と呼ぶと、目を開けたが、また閉じてしまう。「バイクはどうなった？」不意につぶやく。「俺のバイク……」。わたしの指を握ってみるよう言っても握らないが、反応性を調べようと爪の上にペンを強く押しつけるや、手を引っこめ、悪態を吐き、動くほうの手で殴りかかろうとする。真っ青で表情がなかった顔に血が上り、獰猛になった。

「もうコーマ・スケール一二か一三だね――意識を取り戻した」

クリスはいまや怒りで神経を尖らせており、起き上がってテーブルから離れようとするが、腕が痛むせいと頭と首を固定されているせいで、できない。ハリーの助けを借りてストレッチャーから降ろし、モルヒネを注射した。するとまた意識が朦朧《もうろう》としかけたようなので、革ジャンの右袖に入っている鎧《よろい》のようなプロテクターを切ってしまう。Tシャツにも血痕はなかったが、右肩を脱臼しているようだった――左肩のように筋肉がついていて四角いのではなく、斜めになってでこぼこと腫れ上がっていたからだ。ハリーの言うとおりだった。柱に肩から突っこんださい、鎖骨に体重がかかったに違いない。モルヒネのおかげでおとなしくなっていたので、わたしたちはクリスのからだをそろそろと転がして、左が下になるよう、背筋が真っすぐ伸びるようにし、脊柱にも損傷はないかチェックした。まったくの無傷だ。

「手に触っているのがわかる？」――わたしはクリスの左手の指を撫でてみる。クリスは歯を食いしばるが、うなずこうとする――が、首に硬いギプスをはめていては無理だ。「首は動かさないで、触られたのがわかったら、あーうーって言って」

「あーうー」

「ここはどう?」右手の指のほうに触れてみる。返事はない。

「ここは?」腕の高い位置に触ってゆき、肘に、さらには腫れている肩に触れる。声は出ない。触られているのがわからないのだ。「指を曲げてみて」わたしは言って、クリスの手のひらに自分の指を置く。その手は拳を握ろうとするが、かろうじてぴくぴく動いただけだ。「わかった。腕は曲げられる?」

さっき見せた怒りは、気だるく麻痺したような恐れに道を譲っている。

「仕事は何?」

「兵士」とクリス。「射撃手……」

届いたX線写真を見ると、右側の鎖骨が粉々になっていた。鎖骨の内側には神経の緊密なネットワークがあって、首のところから出て、腕を動かし、感覚をもたらしている。事故でただ骨折したのではない。右腕が麻痺していた。

人間の文化は歴史のドラマとともに発展してきたが、わたしたちのからだの構造と、それがわたしたちに強いる限界は、昔のままだ。ホメーロスの『イーリアス』はもともと三〇〇〇年近く昔に口誦された叙事詩で、それより何世紀か前にじっさいに起こったとされる、ギリシャ軍による城砦国家トロイア攻略を描いたものだ。その第八書には、激しい戦闘場面がある——弓の名手テウクロスは多くのトロイア戦士を倒して、総帥アガメムノーンに褒められる。「八本もそれこそ　矢を今とても私は放った、そ

* 血を一滴も流さずに失血死することはありうる。骨盤骨折や大腿骨骨折《だいたいこつ》、胸部や上肢への内出血も、命を脅かすことがある。

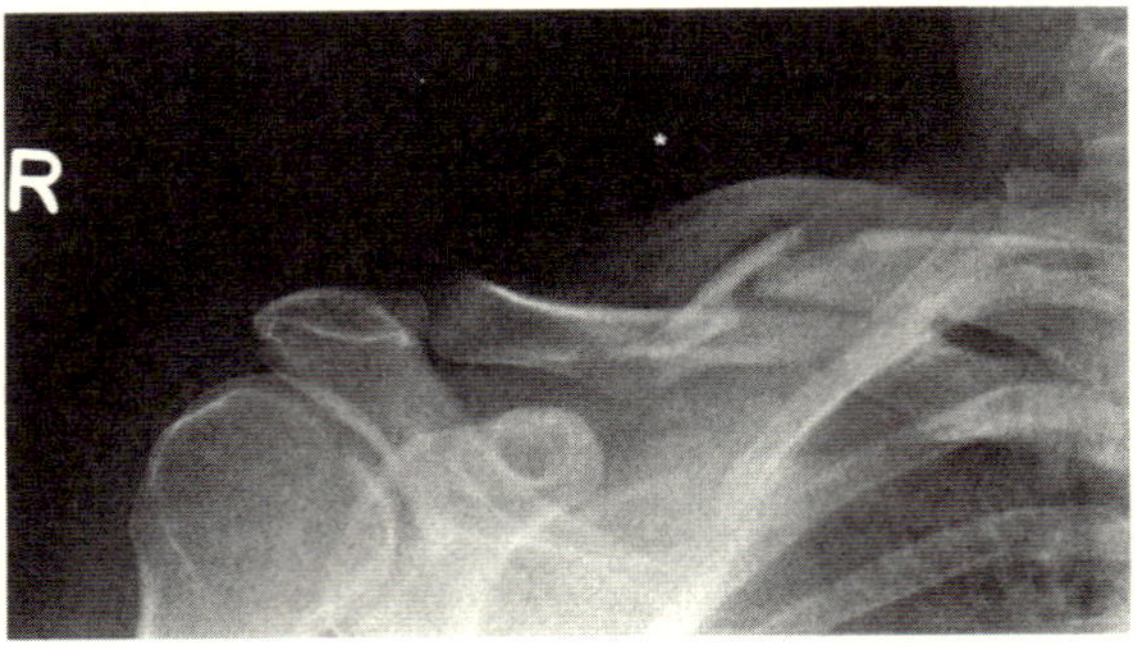

の一々が　若殿原の　身肉《ししむら》に突き立った〔2〕」とテウクロス。「が、あの猛り狂う犬奴だけは　まだ射当てることができないのです」。「猛り狂う犬奴」とはトロイアの王子ヘクトールのことだ。そのあとの一節は、全文引用に値する。

（ヘクトール）自らは、いときらきらしい二人乗りから地面へと跳
んで降りた、
おそろしく雄叫びながら、して格好の大石塊を手につかむと、
テウクロスを目がけて詰め寄った、彼を撃とうと意気込んでからに。
一方、こちらは箙《やなぐい》から　いまや鋭い征矢《そや》を引きぬき、
弓弦に番え、さて肩へと近ぢか引き絞ったのを、
そこを目がけて今度はヘクトールが、鎖骨が頸の筋と
胸とを別ちへだてる、いちばんの急所といわれるところへ、
自分を射ようと勢い込む（のへ向けて）ぎざぎざの石をうちつけ
れば、
弓弦は断ち切れ、手も手首からしびれてしまった。
さて倒れるのは　膝まずき踏みこたえたが、弓は手からこぼれて
落ちた。[1]

テウクロスの兄弟アイアースは、駆け寄って倒れたテウクロスをかばい、盾を掲げて降り注ぐ矢から守る。もうふたり味方が走ってきて、「烈しく呻く」テウクロスを抱え上げ、ギリシャ軍の陣地の船に運ぶ。

『イーリアス』を詠んだ詩人は、驚くほど人体の構造に精確な観察をしている。古代の戦場は大混乱の場で、死体が散らばり、血にまみれていたに違いない。戦士たちと従軍詩人たちには、こんにち「大外傷《メジャー・トラウマ》」として知られる症状がつきものだったので、独自に対処法をあみ出していたようだ。ホメーロスの愛読者で、医療資格をもった人たちのなかには、ホメーロスを衛生兵の走りとする向きさえいる。[2]『イーリアス』を通して繰り返し出てくるのは、槍で突かれた傷、矢で射られた傷、剣を振るわれた傷の仔細な記述で、傷を負った箇所を描写するばかりか、そういった傷の生理学的影響や、時には具体的な処置法まで、注意が向けられている。*

ヘクトールがテウクロスの「鎖骨が頸の筋と胸とを別ちへだてるところ」を撃ったとあるが、これはこんにちも武道の達人が用いている技——「上腕失神《ブラキアル・スタン》」——の精確な描写だ。この箇所への打撃は、腕を一時的にしびれさせるだけではない。もし頸動脈を圧迫したら、反射性徐脈を引き起こしうる。過敏な人の場合、心臓の拍動が遅くなって、意識さえ失いかねない。インターネット上に「ブラキアル・スタン」が見られるサイトは数え切れないほどある——兵舎でお互いに技をかけあっているアメリカ海

* ところが古典学者のK・B・サーンダーズは、冷たくこう書いている。「ホメーロスが描写したあらゆる傷が現実に説明可能なものとは限るまい。それが可能だったのなら、出来事の物理的な説明を行っていたはずだろう。しかし『イーリアス』では奇蹟的な出来事が起こっている……奇蹟的な傷がわれわれを驚かせるはずもない」（*Classical Quarterly* 49(2) (1999), pp.345-63）

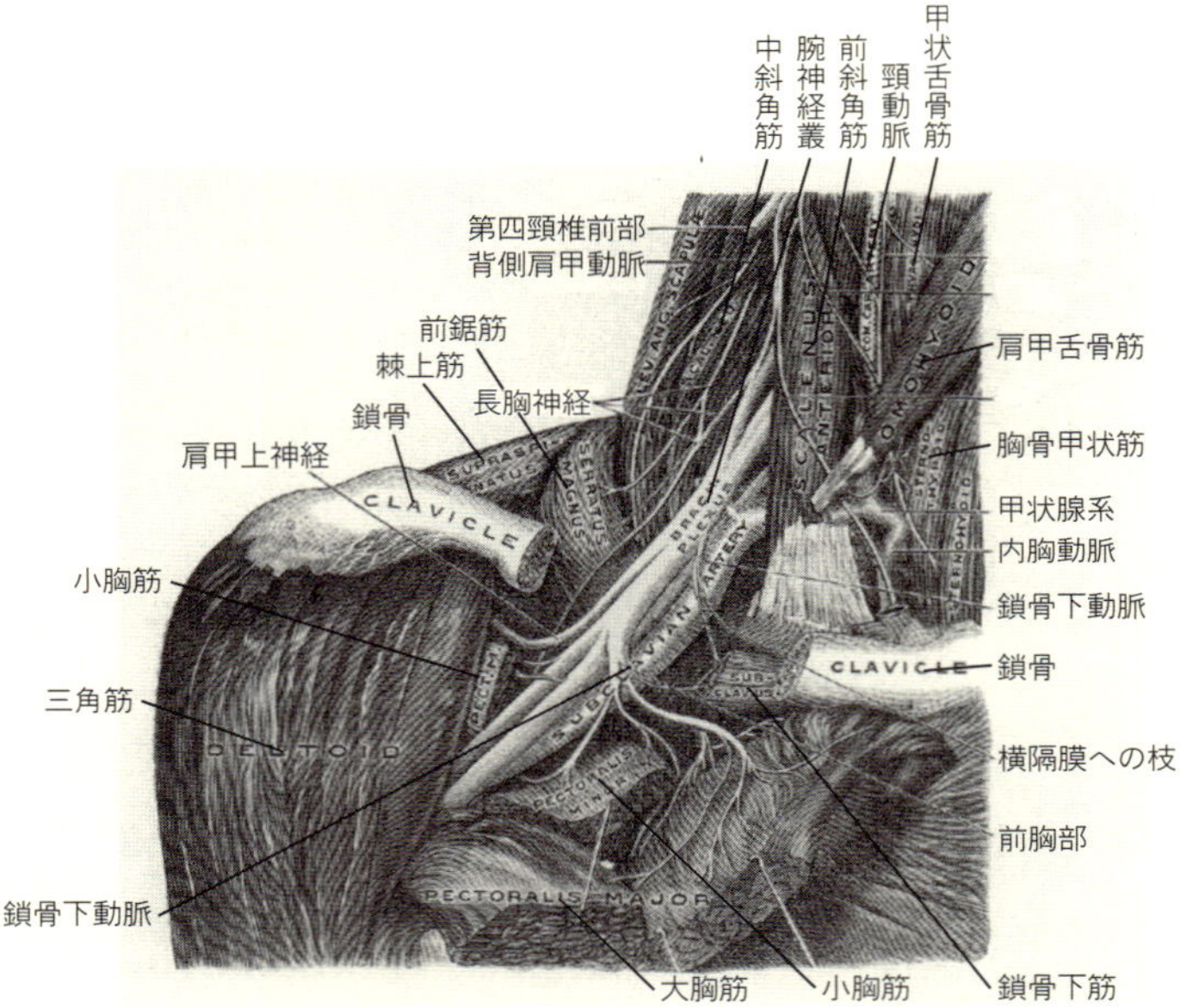

兵隊員、リングで戦っている黒帯の人物、容疑者に挑みかかっている警察官の姿さえ。そういうものを見るたびに、テウクロスが地面にくずおれて、自由が利かなくなった腕をだらんと垂らしているのを思ったものだ。

鎖骨の内側の神経が複雑に交叉しているところには「腕神経叢《ブラキアル・プリクサス》」という名前がついていて、医学の研修で解剖学が大きな部分を占めるようになると、どの医学生もその配置を覚えなくてはならなくなった。首のところの五つの椎骨から出ている五つの神経根が合わさって、三本の「神経幹」になり、それが前枝と後枝に分かれてゆく。この二本の枝は優美に交叉しながら合わさって、三本の「神経束」になる。「内側神経束」「後《こう》神経束」「外側神経束」

だ。外側神経束は、腕と手首を伸ばす筋肉に分布するとともに、手の甲と前腕に感覚をもたらす。内側神経束と後神経束は、二頭筋と手首を緩める筋肉を動かし、手の小さな筋肉を働かせる。

この配置はずいぶんと複雑に思えるが、子宮のなかで胎児に腕ができてゆく過程で生じている。ラテン語の腕 brachium は、英語の枝 branch と語源が同じだ——芽から始まり、木から枝が伸びる要領で、幹からまっすぐ生えだす。まだ妊娠四週めに芽が出て、妊娠七週めまでには未分化ながら手と腕になり、そして九〇度動く。この、腕が分化して回転するときの筋肉の動きと、首のところからできる神経のもとが、ブラキアル・プリクサスの縦糸と横糸になる。ホメーロスは腕神経叢の成り立ちこそ知らなかったが、その解剖学知識を武術で用いた場合の強みを、正確に意識していたのだ。

救急医療の研修を終えたあと、総合診療医になるまでのあいだに、南極大陸で軍医の仕事をしていたことがある。英国南極観測局に派遣されて、船医として大西洋をはるばる越えていき、世界一辺鄙なところにある研究所に辿り着くはめになった。ハリー基地だ。任期のうち一〇カ月は隔絶されているということだった。その一〇カ月間に治療が必要な負傷者が出ても、南極外に搬送することはほぼ不可能だったので、着任前に陸軍病院と市民病院の折衷みたいなところに行かされて、追加研修を受けることになった。

そこで軍医の先生方に教わったのは、どうやって麻酔をひとりでかけ、虫歯を削り出し、単純な外傷外科手術を行うかだった。それまではいつも軍事医学に懐疑的だった。敵を殺したり深手を負わせたりする意図で入隊するのは、いかなる倫理上の道義にも反しているように思えていたのだ。ヒポクラテスは「何よりも、害を与えてはならぬ」と言ったが、著作をよく読むと「外科治療をしようとする者は、出征しなければならない」[3]とも書いてある。古代から現代まで、戦争は教わるべき負傷者を無尽蔵に供給してきた。医学の分野も、ほかの専門分野と同じく、習うより慣れろだった。

そこで軍医の先生方に教わったのは、どうやって軍用に設計された携帯ユニットでひとりでX線写真を撮影し、折れた骨を整復し、頭にけがをして昏倒した場合にドリルで開頭するかだった——どれも戦時に生きるスキルだが、南極で必要になるかもしれないと思ってくれたのだ。昔ながらの軍の機関に行かされた。空軍基地では歯科麻酔、歩兵兵舎では後方支援だ。「災害救援活動」というコースをとって、医師と救急医療士と看護師を集めた三〇人の教室で受講したのだが、みんなが紛争地帯から帰ってきたばかりの人たちだった。習ったのは、前線の近くに応急手当所をつくる方法、コレラ滅菌トイレを掘る方法、それに極地探検でもっと役に立ちそうなこと。衛星通信、手近なものを使った救命処置、壊れやすい医薬品や医療器具を運搬時に保護する方法だ。思いがけず衛生兵に尊敬の念を抱くようになり、過去の衛生兵たちがどんなに身体《しんたい》への理解を深めてきてくれたかに気づくようになった。無菌手術はボーア戦争と第一次世界大戦中の兵士の生存率に大変革をもたらしたし、抗生物質の到来は第二次大戦中に同じくらい効果を挙げた。チャールズ・ベルはワーテルローで従軍するなかで多くを学んだし、古代ローマの医学者ガレノスは剣闘士の治療をしていた。おそらく『イーリアス』に見られる人体の知識は、この長くあまり知られていない系譜に連なっているのだろう。

「腕 arms」ということばには二つの意味がある。からだの一部と、武器と。「武装した armed」「甲冑《かっちゅう》

armour」「軍 army」――こういった語彙がからだを使った暴力を証言しているし、殺すことにたいする人間の態度は比喩表現にもなっている。暴力に長けた人物を「暴漢 strong arm」と言い表すのはよく知られ、目的をともにする兵士は「戦友 brothers in arms」だ。ラテン語の armus の意味はただの「肩」だが、arma は、語源が「組み合わさる」であることから、どんな武器の意味にもなりうる。

軍事医療史学者のP・B・アダムスンは、そのへんの外科医が傷口の縫合に傾けるよりも注意を傾けて、『イーリアス』を精読したことがある。[3] これは叙事詩であって歴史的な記録ではない、とわかったうえで、アダムスンはあらゆる場面を書き出し、それぞれに登場する武器と、致命傷になったかどうかを書き留めていった。それからウェルギリウスの『アエネーイス』でも同じことをやって結果を較べ、トロイア戦争当時は槍がいちばん致命的だったが、ウェルギリウスが描いた古代ローマでは剣のほうが優勢である、と結論づけた。致死率という点では石がいちばん低くなった――石が当たった人の四一パーセントが死に至っている（テウクロスの命は、腕の自由が利かなくなった時点では危機に瀕していない――第八書でヘクトールに討たれはしたが、第十二書の戦闘場面で再登場している）。パリスやテウクロスのような達人でさえ、『イーリアス』の端々を読み解くかぎり、あまり乗り気でなかったのが弓術だ――遠くから射た矢もさほど精度が高くない。致死率は七四パーセントで、それに対して剣の刺通は一〇〇パーセント、槍の場合は九七パーセントだ。アダムスンの指摘によると、こんにちと同じように古代でも、甲冑が前方ばかり増強して後方を哀れなほど弱くするがゆえに、戦闘が深刻なものになってしまう。戦場に向かって行って逃げるのは、いつの世も恐ろしく危険な選択だったのだ。

アダムスンは『イーリアス』には脚の負傷がほとんど出てこないことに気づくが、おそらく腿の高さまで味方の死体に埋まって、または二頭戦車から上半身だけ出して、あるいは船の底に立って戦っていたためだろう。アダムスンは、頭、首、胴体は標的にされやすいとも書いている。『イーリアス』で上肢のダメージが描かれるのは、かならず腕で身を守ろうとしてか、腕を振り上げて襲おうとしてだ。このホメーロスの負傷パターンには、いまだに救急科で毎日のように遭遇する。ドメスティック・バイオレンスの被害者を診る医師は、たいてい女性の肘から先をチェックするが、これはそこが加害者の暴力の衝撃を受け止めているからだ。尺骨、つまり肘から先の長い骨の骨幹部骨折が、いまも「夜警棒骨折」の名で呼ばれるのは、警棒で殴りかかった警官をいちばん防ぎがちなところだからだ。

ホメーロスが叙述したけがのパターンは、トロイア陥落後三〇〇〇年近く、あまり変わらずに来た——変わりだしたのは、火薬が広く使われるようになり、そのおかげで敵地との距離が広がってきてからだ。武器の破壊力が増すにつれて、逆に戦死者の割合は減ってきた。アダムスンは古代の叙事詩中の死傷率を、一九世紀と二〇世紀に起こったうち最悪の戦争時の死傷率と比較している。

クリミア戦争は、身の毛もよだつ不潔さと残虐さにもかかわらず、負傷兵の死亡率はたった二六パーセント——イギリス人兵二万一〇〇〇人のうち五五〇〇人だ。第一次世界大戦時のイギリス軍の死亡率も同じ。二二五万人の兵士のうち、負傷がもとで死んだのは六〇万人にも満たない。破裂弾と爆弾で死亡率が上がったにせよ最大二九パーセント（第一次大戦時）で、『イーリアス』中の投石による死亡率より低い、とアダムスンは示す。負傷箇所が四肢の場合と、頭や胴体の場合の割合は、まったく逆転した。古代の叙事詩のなかで手足に負傷する率はたった二〇パーセントだが、二〇世紀には、傷のうち手足に受けたものの割合は七〇から八〇パーセントにまで上っている。武器が進化するほど、射程がどんどん広がるほど、兵士が殺されるより四肢が損なわれるようになるのだ。

神経損傷にはさまざまな段階がある。鎖骨の後ろ側の神経が脊髄からもぎ取られたら、回復のチャンスはまずない。断裂しただけなら治るチャンスはまだあって、神経移植でちょっとした機能は取り戻せるかもしれない。神経は、ビニールの絶縁体と保護皮膜にくるまった銅線に似ているとも言える。神経をさんざん引っぱったところで、まわりのビニールがそのままで、中で銅線と繋がっている「軸索」のみ裂けたのなら、再生できるかもしれないのだ。

オートバイ事故の二カ月後、神経外科クリニックで再診を待っている列のなかに、クリス・マクタロムの姿があった。右腕はまだ吊っている。ひどくでこぼこに腫れ上がっていた二の腕の筋肉は、いまや細くなって力なく垂れていたが、動くようになっていた。

「経過はどう?」尋ねる。

クリスは布から腕を外し、ゆっくりと上腕二頭筋を動かす。「力こぶが戻ってきた。まだ仕事はできないんだけど、たぶん再来月あたり」

「再来月あたりにどうするの?」

「部隊に戻るよ」とクリス。「アフガニスタンじゃないかな」。言いながら、使わないあいだに硬くなった右手の指をゆっくりと曲げる、銃爪にかけるように。

「腕 arm」という言葉は、兵器と暴力を表す用語に根づいているかもしれないが、友情や好意に用いる言葉の語源でもある。「抱きしめる」のは「両腕に包む」ことだ。

ギリシャ軍とトロイア軍が『イーリアス』第六書で相見《あいまみ》えたとき、ギリシャの戦士ディオメーデスは、自分がグラウコスという名のトロイア人と対峙しているのに気づくが、グラウコスが実に立派な武具を身につけていたので、神だと思ってしまう。「君はそもいかなる人か、命果つべき人間の中にも」[4]ディオメーデスは大声を戦場を越えて轟かせる。「大胆さでは君は遥かに／あらゆる者に抜きんでている、長い影を曳く私の槍を待ち受けたとは」

「何故私の生れを問い訊すのか」グラウコスは叫び返す。「まことに、木々の葉の世のさまこそ、人間の世の姿とかわらぬ、／木の葉を時に　風が来って地に散り敷くが、他方ではまた／森の木々は繁り栄えて葉を生じ、春の季節が循《めぐ》って来る。／それと同じく人の世系《よすじ》も　かつは生い出で、かつはまた滅んでゆくもの」

はじめは自分の両親の名を明かすのを拒んだグラウコスだが、自分の家柄について語り出す。ギリシャの血筋だが、父祖がずいぶん前にギリシャを追われ、トロイア人の土地に住み着いた、と。ディオメーデスは、自分の父祖と相手の父祖が友人どうしだと気づき、その友情ゆえに和睦することにする。「互いの槍は、避けあうことにしようではないか。／私にしても、トロイエー軍にも、／討つべき者がまだ多勢いる、神がもしお容しなら、また其奴らに足で追いつけよう。／また君だとても、アカイア軍に殺せる者が多勢いよう」

そして死に取り巻かれた地獄から離れて立ったふたりの男は、戦車から跳び降りて、しっかりと腕をとり合った。

10 手首と手 穿たれ、切られ、架けられ

だから（私自身のやせた、血管の走る手首を見ても）
このような粗末な血潮の微動でも
熱情たぎる魂の力強い叫びを
はっきりと確かに発している。
——エリザベス・バレット・ブラウニング『オーローラ・リー』[1]

土曜の夜のシフトの救急病棟。給料日の週末。道路に面した二重扉からは排水管さながらに、人間のあらゆる狂乱と悲嘆が流入してくる。シフトを終えたわたしは、ストレッチャーに乗った老婦人たち、列をなす救急医療士たち、手錠をかけられた受刑者たちと警察官たちのあいだを抜けて、更衣室に向かう。救急車のサイレンが近づいてきて、待合室で大声がするのが聞こえ、蘇生室の物音から心停止の患者が来ているとわかる。

更衣室には窓がない。洗ったばかりの緑色の手術着が棚に整然と積み上げられ、汚れた手術着を入れる大きな箱が壁際に立てかけてある。手術着は血液をはじく防水素材でできていて、頭から脱ぐと静電気がぱちぱちする。ロッカーを開けて名札を放りこみ、服を選り分ける、廃棄する血液チューブや、ペ

ンや、手術用手袋や、使い捨てのはさみが、何カ月もかけて積み重なったなかから。同僚がひとり、新しい手術着に着替えている。一〇時間の昼のシフトに入るところだ。「気合入れろよ」わたしは声をかける。「重い患者さんが入った」

帰宅してシャワーを浴び、頰に飛んで乾いた血と手についた消毒液のにおいをこすり落としながら、その夜担当した人たちの精神状態を反芻する。過剰摂取と急性中毒。精神病と衰弱。火傷と動揺。救急病棟の通路から見ると、世界はおかしく、ひどく、詩人のたまわく、手に負えないほど夥しい。[2]「どう向き合うっていうの?」友人に訊かれた。「そんなにたくさんの患者さんが惨めな気持ちで来るんだったら」。だからって? 考えたことがある。なりたい自分になれる人なんてまずいない。救急病棟じゃ人の命がかかってて、どの命も平等なところがいいんだ。権力や富をもってる人が優先されるわけでもない。みんなが同じ硬いプラスチックの椅子に座らされて、同じカーテンのついたブースで処置されて。「重症度判定検査《トリアージ》」は議論の余地なく公平だ。支配力よりも緊急度に基づいて優先順位をつける。

シャワーから出るともう午前九時だ。遭難した水兵が岸に向かって身を投げるように、ベッドに転がりこむ。八時間したら病院に戻らないと。シフトは満ちては引く潮のようだ。遅番一四時間、早番一〇時間、二日休んでまた遅番。成人救急医療に携わっているあいだは、毎週のように体内時計が二四時間ひっくり返る。

救急医療の研修を受けたのは、人間の身に降りかかるあらゆる負傷と中毒に対処する方法を学ぶためで、物語を期待したからではない。ベッドに倒れこむと、疲労でからだが攣《つ》り、次のシフトを思ってもう首と肩が張ってくるが、眠れない。その物語のせいだ。

ストレッチャーの上でからだを震わせている男性には、胸と脚に病衣がかけてある。そのプレスの利いた見慣れた木綿をめくった下は、アスリートのように鍛え上げた肉体だ。きれいに日焼けした肌、ジムの会費を払った甲斐がある筋肉のつき方。ブースの入口でクリップボードに目をやる。「エイドリアンスンさん？」男性がうなずき、わたしは入って後ろ手にカーテンを閉める。

左腕にふきんをぐるぐる巻きにしている。くすんだ白が、真紅に染まっててらてらしている。いちばん上に巻いてあるマヨルカ島土産のは、ほどけかけて肘のところに緩く留まっている。血が水平線に沈む太陽のように肌を伝って流れ出ていて、尻とラバーのマットレスのあいだに血だまりをつくっている。

「血が止まらない」ぼんやりと口にする男性の腕にわたしはふきんを巻き直し、強く圧迫する。

「ちゃんと止まりますからね」そう言いはしたものの、まだふきんの下を診ていない。止血しないかもしれないな。動脈が切断されたかも、腱まで切ったかも。わたしはけがをしていない右腕の肘の内側に一六ゲージのカニューレ――ハットピンくらい太くて長い針――を押し当てると、ステンレスの導入針を抜いて、透明のビニールチューブを少しずつ動す。カニューレのプラスチック製の羽根が固定されたら、血液サンプルを採ってヘモグロビン値と交差適合試験の検査に回し、それから代用血漿剤の点滴をセットする。「左利きですか？」患者がうなずく。「お仕事は？」「スリだけど」皮肉っぽい笑み。「それが何か？」

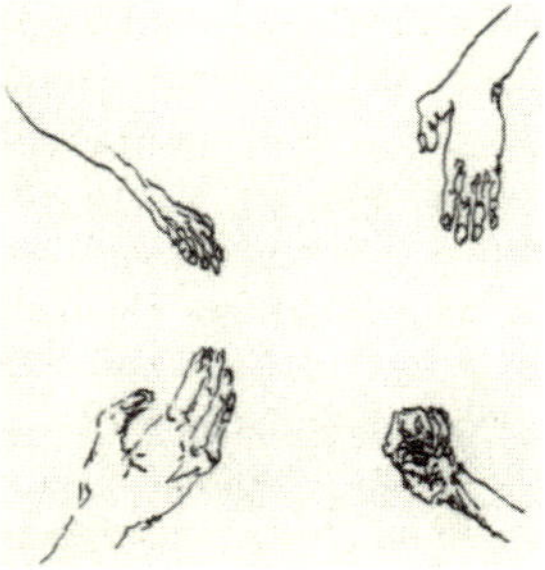

「コンサート・ピアニストじゃないか確認しただけですよ」

「窓から落っこちたんだ」そう言って目を反らすのだが、看護師から聞いていた話と違う。救急医療士が到着すると家の隅で泣いている女性がいて、その人によると、自分に殴りかかろうとしたのが逸れてドアに腕を突っこんだという。ドアの桟が粉々に砕けていたそうなので、骨折もしているかもしれない。腕を押さえながら手首を曲げさせて指先を一瞥《いちべつ》する。きれいなピンク色だ。そこまでまだたっぷり血が通っている証拠だ。今度は親指の付け根を強く押さえて離し、ピンク色に戻るまで秒数を数える。二秒もかからなかったので、少しほっとする。ただし指の関節がひどい形になっており、予想どおり小指が短くなって不自然に内側に曲がっている。手の甲の骨、つまり中手骨《ちゅうしゅこつ》の骨折。「ボクサー骨折」というやつだ。

腕を押さえ続けて止血に努めながら、週の前半に診た別のボクサー骨折のことを考える。その中手骨は刑務所の看守のもので、わたしは直前に、殴られた服役囚を顎骨折と診断したばかりだった。隣りのブースで、だ。ふたつの骨折の因果関係があまりに明らかなので、そのことに触れるのがはばかられたくらいだ。ところが看守の説明によると、騒ぎを起こした服役囚を問いただしていて椅子の背に両手をかけたところ、その服役囚が机を蹴っ飛ばし、その机が床を滑って自分の手の甲を直撃したという。

「じゃないと、こんなところ骨折しますか?」看守はおそるおそる訊く。

「します」きっぱりとわたし。「ボクサー骨折というんです。殴ったら起こりえますよ、手の骨より硬いものか——人を」

血が湧き上がるのが遅くなってきたので、ふきんをめくり上げて中を見る。長く深い溝が手首まで伸びていて、ライオンにでも襲われたようだ。傷から筋肉と腱が覗いていて、何かがきらめく。

看護師がもうX線写真を撮っていてくれて、それを見ると、傷のなかに鎌形のガラス片がある。今度は傷のまわりの皮膚をめくり上げて、そっとガーゼを当てながら破片を探す。目で見てというより触っているうちに、とうとう見つける。表面で糸状に固まりかけた血が大理石模様をなし、毒のある棘のように組織を切り裂いている。破片をつまみ上げて、天井の蛍光灯にかざしてから、X線画像が掲げてあるシャウカステン〔3〕のところに行く。肘から先の骨——橈骨《とうこつ》と尺骨——が、まるでガラスに彫刻してあるがごとく、幽霊のように優雅に輪郭を浮かび上がらせている。第五中手骨、つまり手の端で小指に連結している骨が折れていたが、さほど重症ではないので、ひねって真っ直ぐにしてやればいいだろう。さっきの破片を、シャウカステン上で半透明になっている鎌形のところにもっていくと、両方の形がぴったり一致する。

「朗報です」エイドリアンスンに言う。「ガラスの破片はもうありません」

ストレッチャーのそばに腰かけて、エイドリアンスンの腕の筋肉が手首に向かって細くなるのに目を落とす。浅指屈筋《せんしくっきん》の腱がライトで光る。分厚い膠原線維が羽根の柄のようだが、羽枝と羽弁のところには、代わりに厚みのある筋肉が杉綾模様をなしている。指を曲げてもらうと筋肉が束になるようすは驚異だ——指を制御しているこのベルト装置の尋常ならざる精密さ。人はなんと機械的なのか。腱はすべて異常なし。左手でも右手と同じくらいしっかりとわたしの指を握れるし、見え隠れする腱の表面にはどんな傷も見あたらない。

「いつ帰れる?」

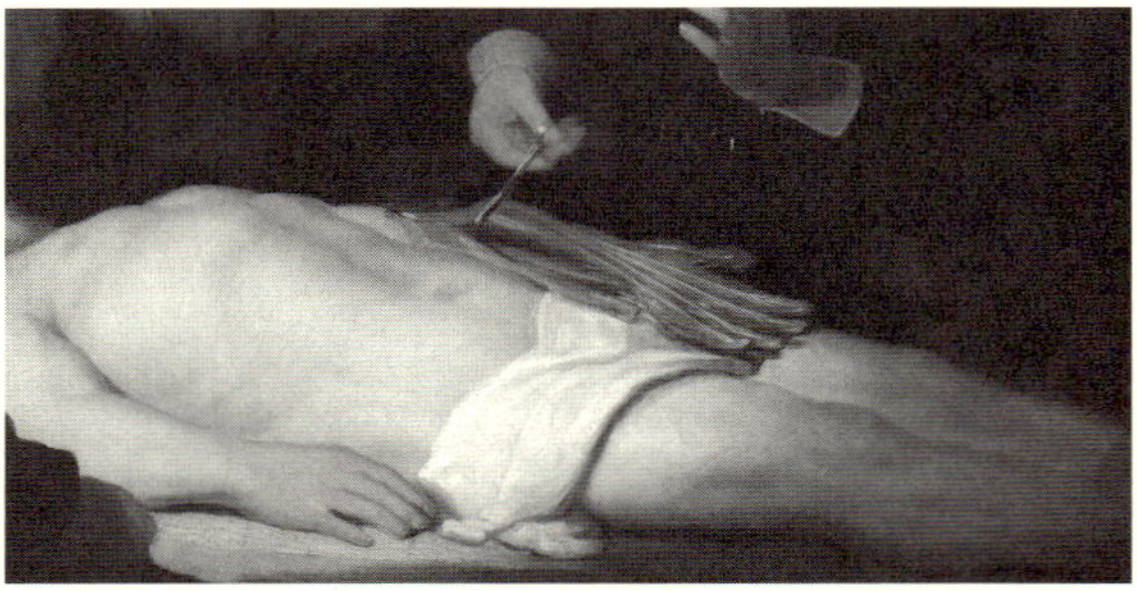

「傷を縫合して、骨折しているところに包帯を巻き終わったら、いつでもどうぞ」

医者は、病歴をとったり説明をしたりと、一日じゅう話している。シフトを終えるかクリニックを閉める時間になると、しばらく口をつぐんでいたい、ひたすらバランスを取り戻したい、という思いに駆られることもある。診断時に口頭で行う作業とは、可能性をふるいにかけながら、質問し回答しながら、患者の反応を検討し評価しながら、どのタイミングでもっと突っこんだことを訊いてどのタイミングで次の質問に移るかを即断することだ。このスキルを習得するには何年もかかる。病歴だけでも医学部生には一時間かかるところだが、わたしたち総合診療医や病院勤務医は、ほんの数分以内に診断までつけようというのだ。傷を縫合したり、折れた手足をギプスで固定したりといった実務のあいだだけは、そんなに焦ることもなく、患者と話しながら過ごせるまたとない機会だ。会話を無理やりゴールに向かわせなくていい。純粋に実技だけのスキルを用いるのには、深い喜びがある。ほとんど頭を使わなくてすむ。縫合は技術で、ほかのどんな技術もそうだが、うまい仕上がりになることも、ひどい仕上がりのこともある。うまく仕上げるには一定レベルの集中が必要で、その集中力は、救急病棟でずっと神経を尖らせていたあとの安堵感から生まれる。

器具や縫合糸や局部麻酔の注射器を並べてある殺菌トレーを用意すると、再び消毒液で傷を拭き、縫合を始める。三〇針か四〇針は縫うことになる、しばらくかかる。

救急治療室では、手首の動脈を切ったせいで死ぬ人にはお目にかかったことがない――ほとんどの場合、死の危険に瀕するほどは出血していない。ひとりだけ橈骨動脈を切って亡くなった人がいたが、その人は喉にもナイフを突き刺して頸動脈も切ってしまっていた。動脈は、手首のところではせいぜい幅二、三ミリしかなく、切っても、自衛でもするかのように、おのずと傷が塞がることがよくある。とはいえ、わたしが見てきた、みずから手首を傷つけたり切ったりした何百人という人たちは、必ずしも死を望んではいなかった。とてつもない苦悩から逃れようとして、あるいは思うに任せない人生を拒んで、そうしたのだ。

手首を切るのは、命を貶める方法のひとつだ。脈を打つ手首は生命を象徴し、内から湧き出る強さと活力を立証するからだ。リストカットは、精神的に行き詰まった状態から逃れるやり方としては、一般的だ。人口の四パーセント以下の人が、自分を傷つけた（「故意の自傷行為」またはＤＳＨとしても知られる）経験があると認めており、いちばん多いのは手首だが、腕、脚、腰の場合もよくある。経験者の割合は一〇代が圧倒的に多くて、全年代の約一五パーセントに上る。[1] 少年よりは少女のほうがまわりに助けを求めやすい。不安や悲嘆が極限に達して、突発的に傷をつけることが多いが、これは血を流すという行為が一時的な解放をもたらすからだ。ある自傷経験者が言うとおりだ。「血が流し台に滴り落ちると同時に、怒りも苦しみも出ていくんです」。[2] 自傷行為を研究してきたある人類学者が言うには、自傷とは

「引きこもり、あるいは自己嫌悪を表すひとつの方略で、自分が愛さねばならず、なおかつ従わねばならない人たちにたいして、あなたがたのせいで傷ついているのだ、と示そうとして用いられる」[3]。

わたしが目にする自傷の患者で多いのは、一〇代の少女たちで、のっぴきならない状況に置かれている。父親と母親の期待の板挟み、あるいは違うグループの仲間たちの要求の板挟みになり、自分の子ども時代を悼むいっぽうで大人になった自分に気づく、という苦悶に苛まれている。自傷は、その子たちが抱えている葛藤の大きさを伝え、心中どんなにひどい気分かを家族や友人たちに知らせる。「精神的苦痛を他者に伝えるのは、その苦痛を検証する結果になりうる」と、あるＤＳＨ研究グループが書いている[4]。「そして問題の深刻さを実証してみせると、助けが導き出されたり、貴重な人間関係が続いたりしうる」。この見方からすると、自傷は理に適った判断となる[*]。

たいていの場合、わたしが目にする一〇代の少女たちは、保護者であるはずの人たちから組織ぐるみの虐待を受けて苦しんできたわけではないが、子どものころの虐待が自傷に先行していることは多い。子どものころ虐待を受けると、大人になってからよりも四倍も自傷に及びやすくなる。クリニックで自傷の患者を診るときは、虐待されたことがあるか、いま虐待されているかを聞き出そうとはするのだが、言ってくれそうかどうかもわからない。

救急科には「精神科ブース」がある。通常の布のカーテンが下がったブースよりもプライバシーを確保した個室で、武器になりそうなものは何もかも取り除いてある。つまり、精神に障害をもつ患者を診る部屋が、受刑者を入れるための房と同じということになる。そこにはドアが二つあって、患者が出口を塞がないようにしており、どちらにも鍵がかかる。

メリッサは、安っぽいビニールのスニーカーに汚れたピンクのジャージをはき、胸に「ゴージャス」と書いてあるぶかぶかのピンクのプルオーバーという姿だった。栗色の髪は洗っておらず、目はパニックで潤んでいる。外の壁からカルテを取り上げる——名前、生年月日、近くの福祉施設の所番地。メンタルヘルスに著しい問題を抱える人たちが、専門スタッフとソーシャルワーカーの助けを借りながら、自立に近い生活を送れる施設だ。そのファイルのいちばん上に振り分け担当の看護師が書いたのは、たった三文字だ。「ＤＳＨ」

精神科ブースに入って腰かけたメリッサは、床を見下ろし、しきりに両腕の絆創膏を気にしている。両袖を肘までまくり上げて見せやすくしてある。どちらの腕にも五、六枚ずつ、ガーゼ付き絆創膏が貼ってあり、縁から古い傷痕がはみ出しているのが見える。畝《うね》ができ、ひびが入った腕の皮膚が、磨いていない大理石のようだ。

「虐待されたせい」。それがメリッサがまず言葉にしたことだった。

わたしはうなずく。「ひどすぎる」。それしか言葉にできないこともある。

「おじいちゃんに——もう死んじゃったけど——いい気味」

傷をつけたのはたった三〇分前で、まだ血が絆創膏越しに広がっている。

「やめさせなかったの。やめさせるべきだったのに。ほんとバカだった」

* ＤＳＨの傷痕を減らす方法として、代わりに手首に痛くなるまで氷を押しつけてもらう、または手首に巻いた輪ゴムを引っぱって肌に当ててもらう、というものがある。

わたしはため息を吐いて、かぶりを振る。「それが始まったの、いくつのときだった?」

メリッサは肩をすくめる。「二つ? 三つ?」

「まだそんなに小さかったんなら、どうやってやめさせられたっていうの。きみが悪いんじゃないよ」

しばし沈黙。外にはストレッチャーが床と擦れる音、救急車のサイレンが近づいてくる音。

「薬は何を飲んでる?」

「薬、飲みたくないの」

「眠れてる?」

「三日くらい寝てない」

「じゃあ、とにかく眠れるようになるのを出すから、休もうよ」

相手はうなずく。

「傷を見せてもらっていいかな?」

メリッサはうなずいて両腕を伸ばす。わたしは絆創膏を剝がしだす。傷は浅く、かすった程度で、サージカルテープで留めるまでもないほど、針による縫合などまったく要らない。ゆっくり洗浄してあげ、新しい絆創膏を貼り直す。

「ひとりで病院まで来られたんだね、よくやった」。声をかける。「助けを求めなきゃってわかったんだね」

一〇代の少女たちの場合、自傷をまわりの人たちに知らせるだけでじゅうぶんなこともある――まわりにいる家族が態度を改めたり、本人が成長して青年期特有の緊張が緩みだせば、この癖は止まる。ただしメリッサの苦悶はずっと忌まわしいものから来ていた。わたしは、手を貸そうにも、自分がまったく無力だと思い知っただけだった。

別の日、やはり週末の夜。多忙をきわめ、患者の列は待合室から押し出されて通路にまで伸びている。六時間待ち、とある。ナースステーションには、救急車の配車システムにチューニングしてある無線機がある。警察と救急医療士もその無線を使い、複数人もしくは非常に重篤な負傷者が向かっているときアラートを鳴らす。と、アラートだ。どんなに物慣れたスタッフも跳び上がる、クラクションのような音。

「重大交通事故、場所はシティ・バイパス」。無線から声がして、救急車一台と医師二名を事故現場に要請する。緊急救命病棟から医師二名を減らすことになるから、救急車のスタッフがこういう要請をすることはあまりないが、負傷者が車両に閉じこめられてでもいたら、援軍を頼めば命を救える可能性がある。

わたしが行くことにはならないだろう。その夜は軽症を割り当てられていたから。とはいえ、医師七人の持ち場に五人しかいなくなると、待ち時間はさらに長くなってしまう。わたしは自分にいっせいに怒りの矢が放たれるのを覚悟してから、待合室のドアロに立って患者たちに向かう。

「いまのところ六時間待ちです」声をあげる。「が、ほかにも緊急事態が発生し、医師二名がそちらに向かったところです。もっとお待たせすることになりそうです。今夜は帰って明日また来られる、という方がいらっしゃいましたら、お申し出ください」

待合室が静まり返る。だれもが座って動かないまま、わたしを睨みつけている。いちばん前の列は、冷凍グリーンピースを袋なり足首に当てた少女、布で片目を覆った男性、額を擦りむいている年配の女性――だが、どの患者ももう数時間は待っていて、真っ先に立ち上がろうとはしない。と、後ろの席にいた作業服に作業ブーツ姿の男性が立ち上がる。若くて――三〇代前半で――もみあげが長く鼻筋が見事だ。片手に使い古したビーチタオルを巻いている。「たぶん明日来られます」。しゃべると喉仏が浮きのように出たり引っこんだりする。

その男性を隣のブースに連れていく。フランシスと名乗る彼のタオルを解くや、跳びのいてしまった。釘が手のひらを貫通している。

「釘が手のひらを貫通してる」うろたえて言う。

「そうなんですよ」

「またどうして？」

「行った家で遅くに仕事していて、疲れてきて……間違ってネイルガンを撃っちゃいまして」。釘は清潔で一〇センチほど。刺創も両面ともきれい、釘のまわりに乾いた血の輪ができているだけ。フランシスは笑う。「材木に打ちつけなくてよかったですよ」。また笑う。「そしたらまだあそこにいるでしょうからね、梁にぶら下がって、イエスみたいに」

手のひらには四本の骨――中手骨――があり、それぞれ指の骨と連結している。五本めは親指の付け根を支えている。中手骨と中手骨のあいだには、指に感覚をもたらしている繊細な神経、血管、それから指を広げたりぴったり閉じたりする筋肉がある（指を曲げたり伸ばしたりする筋肉は、手ではなく、前腕部にある）。中手骨の付け根はしっかりした靭帯で手首の骨と連結しているが、指に近くなるにつれ、その連結はかなり緩くなる。手のひらを釘で打ち抜いてもさほどダメージを受けない可能性は、じゅうぶんある。神経は細くて骨に近いところを走っているし、主要な血管は、手のひらを避けるように、手首あたりから親指の付け根に向かって大きな弧を描いている。手首を釘で打ち抜く、というのなら話は別だ。手首には、神経と血管、そして連結し合った骨が、種子のように複雑にぎっちりと詰まっているからだ。

フランシスが磔刑《たっけい》について触れたのは冗談だったにせよ、もし人を釘で材木に打ちつけたければ、手のひらには打たないだろう。釘が手のひらを貫通して大きなダメージがないということは、同じ解剖学上の理屈から、手は体重を支えられるほど頑丈にはできていないということだ。組織が裂けて、手は釘から外れる――損壊して使いものにならなくはなるが、外れる。

フランシスの指はどれもふつうに屈曲したし、感覚も無事だった。釘は、神経も腱もまったくかすっていなかったのだ。血液も問題なく指先まで流れていた。手のX線画像を見ると、釘が中手骨と中手骨のあいだをきれいに通り抜けていて、まるでケージの柵のあいだに打ったようだ。

傷を洗浄すると、フランシスに形成外科に行ってもらった。そこの医師が手術室で釘を抜いて、開いた穴をきちんと調べて、破片がまったく残っていないのを確認してくれるだろう。しかし、そこをどんなにうまく塞いでもらったところで、フランシスの手の両面には聖痕が残る。一生涯にわたって、梁に釘打たれるところだったその夜を思い出させるものとして。

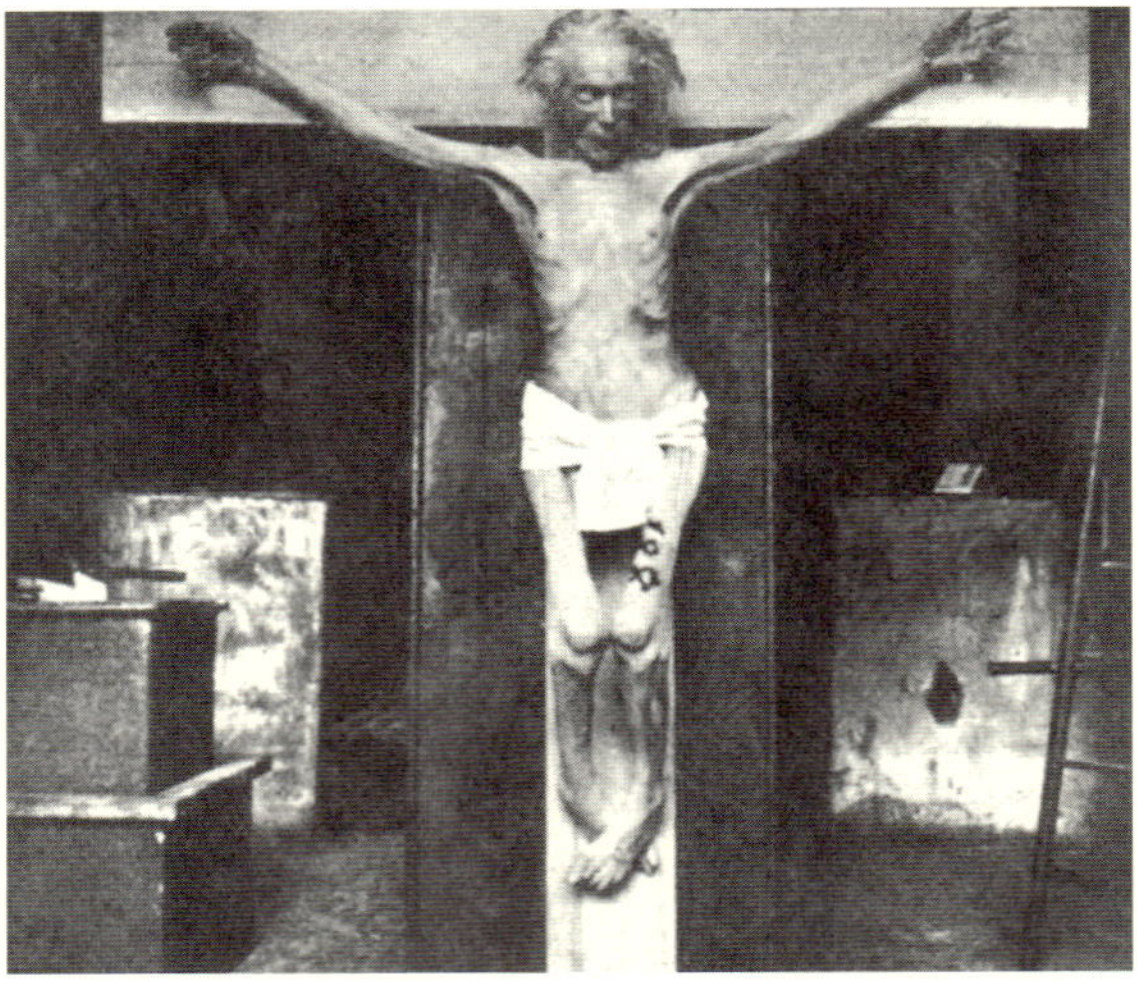

一九三〇年代、ピエール・バルベという熱心なフランス人外科医が、猛烈に磔刑に魅了されてしまった[4]。手が体重を支えられるか試すべく、バルベは木の十字架に解剖用遺体を釘で打ちつける実験をする。古代ローマ時代の磔刑をかたどった彫像から、イエスの体重と腕の位置を推測したバルベは、釘は手のひらではなく手首の小さな骨のところに打ちこまれたに違いない、と判断した。手首に集まっている骨――「手根骨」――は、たがいに靱帯でぎっちりと組み合わさっている。そこに釘を打てば体重で手が裂けることはない、と気づいたのだ[5]。

ピエール・バルベが人体に釘を打つ実験について出版したのは一九三〇年代だが、一九六八年、エルサレム近郊の洞穴墓から、ローマ時代に磔に架けられた若い男性の骨が発見される。長さ約一一センチの釘が、その右足の踵《かかと》の骨――踵骨《しょうこつ》――に外側から打ちこまれ、十字架の縦木の一部と推測されるが、ぼろぼろになったオリーブの木片が釘頭の下から出てきた。

この発見を受けて、センセーショナルな仮説が立てられた——ローマ時代に行われた磔刑の、最初の直接証拠だというのだ——ヘブライ大学の解剖学教授が示したのは、一本の釘で両方の足が突き通されていたこと、両の手首が釘打たれていたこと、刑に処せられた人の両脚が、まだ生きているうちに、慈悲の一撃で折られていたことだった。[6] が、一五年後、この発表に懐疑的だったほかの学者たち——ヨセフ・ジアスとエリエゼル・セケレス——が遺物を再調査して、違う結果になった。[7] 釘はいっぽうの足の踵のみを穿《うが》っていたというのだ——右足（左の踵骨は欠損していた）と両腕には釘を打たれた痕跡はなかった。ふたりの結論によると、磔刑は、古代ローマで行われていたものについて言えば、T字形の架の横木に両腕を縄で縛りつけ、縦木に左右それぞれの踵を打ちつける、というものだった。ふつうオリーブの木からは長くとも二、三メートルしか真っ直ぐな材木が採れないので、架けられた人はさほど高いところに掲げられはしなかっただろう。

古代ローマでは磔刑のとき手のひらを穿った、というのが西洋文化ではあまりによく知られた定説であるがゆえに、「聖痕」が顕れる、つまりイエスが釘打たれたとされる箇所に出血をともなって傷痕が出現する、という奇蹟は、過去一〇〇〇年のあいだ、しょっちゅう起こり続けた。わたしが読んだかぎりでも、手のひら、手首、脇腹（イエスが突かれたとされる）、足の甲というのさえある。[8] が、踵の横に聖痕が顕れたという話は聞いたこともないし、踵骨にネイルガンを撃ってしまった患者にもお目にかかったことはない。

腹部

11

腎臓

究極の贈りもの

近ごろでは、移植のおかげで、生死の敷居を越えて命と命が繋がっていると言える。
——アレク・フィンレイ『タイ——野生の庭』

ヒマラヤ山麓のインド側の丘に、チベット人による病院があって、ダライ・ラマの住居のまわりの共同体に医療を提供している。救急医療の研修を受けたあと、総合診療医の仕事を始めるまでのあいだ、わたしはそこの病院で二カ月働いて、近隣のチベットの人びとのハンセン病、犬咬傷《いぬこうしょう》、結核、赤痢、外傷の治療を行った。どんな人も断らない総合病院で、業務には、たくさんの新生児の分娩も、まるまる建物二棟分の入院患者の世話も、そして週に二度、外来クリニックでの診察もあった。通訳してもらいながら、到着したばかりの難民五、六〇人もの言っていることをなんとか理解したこともある。ほとんどはストレス起因の頭痛、消化不良、ホームシック、下痢に苦しんでいた。列のなかにつらそうな西洋人を見かけることもたまにあった。濾過《ろか》していない水を飲んだがために赤痢にかかり、青い顔をしてやつれているのだ。「地元の人みたいに生活したかったんですけどねえ」そう言われるたびに、返したものだ。地元の人も赤痢にかかってますよ、と。

病院に代わる施設もあった。道をすぐ下りたところが、チベット医学・暦法学大学《メン・ツィー・カン》だった。チベットの伝統医学は、五大元素と三体液を結びつけた考えに基づく古来の医術体系だ――その医療は、アーユルヴェーダとヒポクラテスの両方の身体観と共鳴し合う。わたしたち西洋医療の人間が解明できないような漠然とした痛み、尋常ではない症状の連鎖を、チベット医療の医師がうまく治すことはよくあった。いまもここスコットランドで、職場を丘ひとつ下りたところにあんな施設があったらなあ、とよく思う。

好奇心に駆られて、大学を訪ねてみた。ヒマラヤから降りる尾根沿いの松林のなかに佇む、白い漆喰壁の立派な建物だ。中の壁には巨大な人体図の数々がかけてあり、それぞれに重ねて脈管と方眼が描いてあって、地図の等高線とグリッドのようだ。チベット医療は、中には頭で理解できることもあるにはあるが、ほとんどは不可思議だ――わたしの人体理解とはまるで一致しない。たとえば、腎臓が機能していないとすると、チベット医ならそこが冷えすぎているからだと考える。この「冷たい腎臓」とは、腎臓そのものに起因する状態で、「腎虚」と呼ばれる。腎虚に応じた治療法としては、冷たい場所や濡れた場所に座らない、背中や腰に負担をかけない、からだを冷やすおそれがある食べ物を食べない、などがある。重症の場合は「灸療法」が望ましくなる。東洋医学に起源をもつ古来の治療法で、薬草を燃やして、特定のツボの皮膚を熱するものだ。

チベット巡礼の風習に、巡礼路の先々に石をもってゆく、というものがある。スコットランドでも見かける慣習で、スコットランドの巡礼たちは、とりわけて難所だったり冒険心をくすぐったりする登山道の上に、石をよく置いていく。チベットで、僧院の御堂を訪ねたことがあるが、そこで高齢の僧侶が、

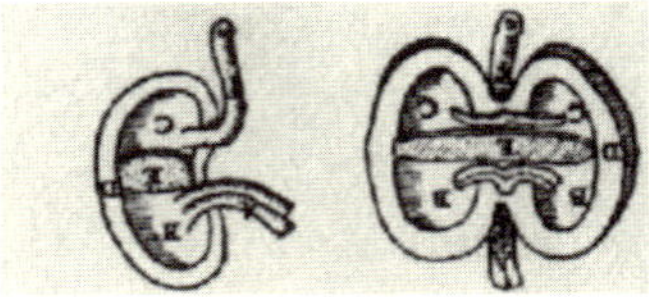

巡礼のひとりの頭と腰に特別な石で触れているのを見かけた——すべすべした黒い石で、腎臓のような形をしていた。何をしていたのか訊いてみた。石には癒す力がある、と言われた。石が触れると、体内を流れるエネルギーのバランスが整うのだそうだ。

チベットの伝統医学はある程度は成功しているようだが、聖なる石が奏功して腎臓病や腎不全がよくなるとは、わたしには思えなかった。

西洋では腎臓についての理解は、遅れて訪れた。腎臓が血液から尿を濾過《ろか》するのは、アリストテレスでさえ知っていたのだが、一五世紀になっても、ルネサンス期の偉大な解剖学者ガブリエレ・ゼルビでさえ、腎臓の上半分が血液を集め、しかるのちに上下半分のところに張ってある膜をとおして濾過が行われるのだ、とまだ思っていた。ゼルビのような解剖学者たちが人間の腎臓を切開したときは、そんな膜など見えもしなかっただろうが、それもそのはず、存在しないからだ。たぶん膜の存在を信じたがったあまり、見えたということだろう。

ゼルビはイタリア北東部、パドヴァの大学教授で、老年期医療にかんする最初期の論文——『ゲレントコミア』——を一五世紀末にものしている。[1] 老境に入るのを遅らせるためには、東風に当たれる場所（おそらくイタリア北東部?）に住み、きれいな空気をたっぷり吸い、マムシ肉を人間の血液の留出物と黄金と宝石をすり潰した調合薬で和えたものを食べること、とアドバイスしている。高齢者ケアの専門家として地中海沿岸の東側全域で名を挙げたゼルビは、一五〇五年にはイスタンブルに招かれて、オスマン帝国の高官の治療に当たる。が、その高官が死んだせいで捕らえられ、拷問を受けたあげく、自身が解剖した腎臓のように鋸《のこぎり》で真っ二つにされた。

パドヴァでゼルビの後任となったのがネーデルラント出身のヴェサリウスで、この人物が解剖学と医学（当時この両者にほとんど違いはなかった）に革命をもたらすことになる。[2]ヴェサリウスが踏み出した革新的な一歩は、教科書（中にはローマ時代から使っているものもあった）に見えるはずとあるものについて述べるのではなく、自分自身の目にするものについて述べたことだ。ヴェサリウスは腎臓を二つに切って、膜がないのを目にした。それでも腎臓がどうにかして血液を濾過しているとは思っていたが、どうやってなのかについては、ただわからないと述べただけだった。

だれも腎臓の本当のしくみに近づくことがないまま一五〇〇年ほどが経ち、顕微鏡が当たり前の時代になって、レンズとプリズムの技術が発達する。一六六〇年代には、レンズは体内と外界の両方の理解に変容をもたらす。ケンブリッジ近郊では、ペスト禍を逃れて疎開してきていたアイザック・ニュートンが、日光がプリズムによって色帯に分かれるのを観察するいっぽう、万有引力の法則を確立した。ロンドンでは、ロバート・フックが『顕微鏡図譜』を出版し、ヒトジラミ、コルク片、ハエの眼といったありふれた小さなものの驚くような複雑さを示した（フックは生体の基本単位を表す「細胞《セル》」という語をつくったが、これは顕微鏡だと、修道院の僧房《セル》が連なるようすに見えたからだ）。同じころ、ピサで医学教授の職にあったマルチェロ・マルピーギは、肺のなかで血液と空気が勝手に混ざり合わないことを、顕微鏡を使って実証し、その結果、じっさいに血液と空気はただ近接しただけだった。別に、腎臓中の毛細血管が小さな篩《ふるい》のような構造をしているのも明らかにした。マルピーギは、腎臓の中心部の白っぽいところが、

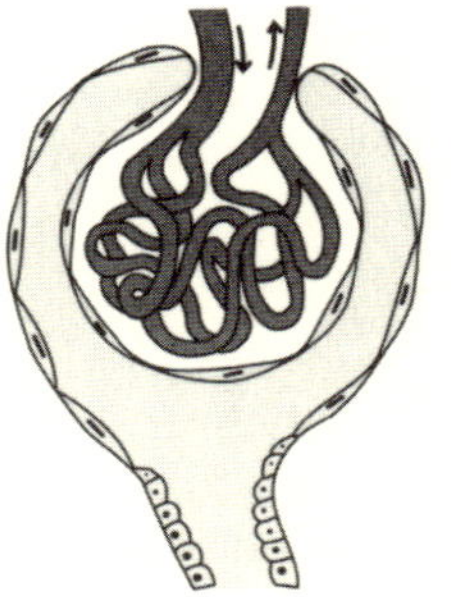

たくさんの小管の集まったものだということに目を留める。絞ってみると、この小管の集まりから液体が出てきて、尿とそっくりの味がした（生化学検査が登場する以前は、物質の解析はよく舌に委ねられていた）。

さらに二五〇〇年ほどが経って——もう二〇世紀初頭だが——腎臓のしくみが理解されるようになる。腎血管から分かれた毛細血管が絡まり合い、その絡まり合ったところで毒素を濾過し、その毒素が小管ひとつひとつの先にあるカップ型の受け皿に入ってゆくのだ。生体機能としては、からだが行ううちでもいちばん単純なものなのだが、たとえそうであっても、この微妙な濾過の過程が理解されるのは、悪魔のように難しかったのだ。

腎臓のしくみは、再現するぶんには天使のように易しくもあった。人工腎臓をつくる最初の試みは、はや一九一三年だ。この装置は犬に試されたのだが、血液が凝固しないように、中にすり潰したヒルの抽出物を入れてあった。三〇年後、オランダの医師ウィレム・コルフが、はじめて人間用の腎臓「透析」機、人工的に血液から毒素を濾過する装置を発明した——コルフがこの機械の特許を取らなかったのは、ほかの人たちに進化を委ねて、広く使われるものにしてほしかったからだ。

コルフは、はじめはナチス占領下で監視のもと医療に従事していたが、密かにレジスタンスの一員でもあった。第一号機こそ、ソーセージメーカーにもらった当時発明されたばかりのセロファン、オレンジジュースの空き缶、フォード車のディーラーから手に入れた送水ポンプを使ったものだったが、じゅうぶんに改良されて、一九四五年には六七歳の女性の命を救うことになった。一九五〇年にアメリカへ移住したコルフは、さらに透析技術を向上させる。そして透析機器に取り組むにつれ、その恩恵を受ける腎機能障害の患者が増えるにつれ、奇蹟のようなことが起こる。人から人への腎移植の成功だ。

腎機能の明らかな単純さは、人工腎臓をつくるという着想を生んだし、腎臓の生体構造の単純さ——動脈と静脈が一本ずつと、一本きりの尿路——は、全臓器移植の最初の候補となることを意味した。人間の初の腎移植が行われたのは一九五一年だが、レシピエントの免疫系がドナーの腎臓という「異組織」を拒絶して、失敗した。一九五四年、ボストンのブリガム病院で、一卵性双生児間で腎移植が行われた（いっぽうが左右ともの腎機能障害患者だった）ことで、この問題は回避された。レシピエントのからだは遺伝学上はドナーとまったく同じだから、拒絶反応は起こらない。歴史上はじめて、ひとつの臓器が持ち主を換えてうまくいったのだ。* その後の二〇年間に、免疫系についても、異質な移植片にたいしてレシピエントの適合性を高める方法についても、とてつもなく理解が進むことになる。一九七〇年代末までには、遺伝学上は似ていない人たちのあいだの移植も、珍しくなくなった。

脳の組織は、血流が途絶えると、数秒しかもたない。腎臓の組織は、脳よりずっと復元力がある——低温保存下では、摘出された腎臓は二四時間以上永らえる（とはいえ移植は早ければ早いほどよい）。このことが意味するのは、腎臓の場合、移植を待っている人が何百何千マイルも遠くにいたとしても、亡くなったり脳死したばかりの人や、生きているドナーからさえ提供できる、ということだ。国が運営する

* すでに外科の皮膚移植では、一卵性双生児間の組織の移植は「拒絶反応」なしにレシピエントに適合すると実証されていた。

さまざまなデータバンクが、もうレシピエントと提供可能な腎臓とのマッチングを行っている。双方の免疫学上のデータを照らし合わせれば、拒絶反応が起こる可能性が最小限になる。わたしがはじめて立ち会った臓器移植手術では、腎臓は三〇〇マイル離れた都市から空輸されてきた。もとの持ち主が亡くなったのはその日の朝で、腎臓はポリスチレンの冷却ボックスに入って手術室まで運ばれた。

執刀医とわたしに挟まれて横になっていたのはリッキー・ヘニク、三〇代の男性だ。感染症の結果、長年慢性腎不全に苦しみ、ずっと透析療法で生命維持をしてきた。いまは山のように重なった緑色の布の下にいて、下腹部だけを見せている。瘢痕《はんこん》のできた腎臓がある腰のほうからではなく、左の下腹部から「左腸骨窩《ちょうこつか》」という空洞までを切開した。これにはもっともな理由がある。新しい腎臓を入れるときに「古い」のを取り出す理由はない。腸骨窩は比較的処置がしやすく、新しい腎臓に繋げられる太い動脈と静脈も通っている。

執刀医がヘニクの腸骨窩の、ちょうど腸骨血管の上のところに穴を開ける。その血管が組織から剥がされ、くるくると巻き上げられ、ステンレスのクランプで遮断される。看護師が開けたポリスチレンの箱を覗きこんだわたしは驚いた。腎臓は冷え、縮み、くすんだ灰色で——臓器とわかるのがやっとなのだ。その腎臓がもち上げられ、ヘニクの腹部に開いた穴のなかにぴったりと納まる。外科専門研修医が手伝って、腎臓の組織が体温で温まらないよう、腸骨窩によく冷えた液体をたらす。

ヘニクの腸骨動脈と静脈、そして新しい腎臓の動脈と静脈が、きれいな縫い目で接合される。すると執刀医は大きく息を吐き、舞台上の手品師のように両腕を広げて、わたしに言う。「これから医学史上いちばんすばらしい光景を目にするよ」

執刀医が動脈と静脈を留めてあるクランプを次々と外してゆくと、ヘニクの血液がしぼんだ腎臓に注ぎこみはじめる。心臓が脈打つたびに、目に見えて動脈が膨らみ、腎臓が大きくなってゆく。蘇生への行程、死への反論を目撃しているようだ。腎臓は大きくなるにつれ、しぼんでへこんでいた表面が膨らみ、つややかなピンク色を帯びてくる。執刀医が新しい腎臓の尿管（尿を膀胱に運ぶ管）をもち上げ、わたしはその先で大きくなってゆく水滴を見つめる。「うまくいった」誇らしげに執刀医。「あとは膀胱に縫いこむだけだ」

ヘニクの膀胱にはカテーテルを通して液体の抗生物質が満たしてあり、表面からは脂肪が取り除いてある。外側の組織を貫通してトンネルが開けられ、一インチほどの長さだが、そこに尿管が通される。トンネルの向こう側が膀胱の内側に通じていて、その出口に尿管が縫いこまれる。執刀医はヘニクの腹部の切開創に透明なビニールのドレナージ管を通し、それからそこの筋肉と皮膚を閉じる。

手術終了。ヘニクは、新しい腎臓が免疫系に拒絶反応を起こさないよう強い薬に頼ることにはなるが、もう一生透析をしなくてよくなった。

腎移植の成功は偉業であり祝賀でもあるが、そのために悲劇が利用されることはよくある。最近まで、移植のための腎臓は、故人から得る場合がほとんどだった。腎移植の成功にかかわる気分は、ほろ苦い。命が救われる安堵が、命が失われる無念とせめぎ合っている。思い出すのは、何人ものレシピエントのためになって、ドナーひとりがおつらい目に遭った例だ。

夜のシフト、午前三時、地方のある救急病棟でのこと。重いぜんそくの発作に倒れた一〇代の少女に付き添って、救急医療士がこちらに向かっている。呼吸が楽になるように気管にチューブを通してはあったが、それでも肺に存分には空気を送れないでいた。到着したとき患者さんに血の気はなく、すぐにご両親が隣りのお身内用ブースに案内された。わたしたちはそこと薄いパーティション一枚しか隔てていないところで、娘さんを救おうとしていた。麻酔ガスで肺が楽になることがよくあるのだが、この患者さんの場合、何も起こらない。気管支を広げようと薬を注入してみる。チューブから高流量の酸素を送ってみる。筋肉を麻痺させてみる――が、どれもうまくいかない。数分も経たないうちに、心拍が不規則になってくる。医療スタッフみんなが取り乱し、こんなに若い子が死ぬかもしれないという事態を受け容れられずにいる。できるかぎりのことをして動き回りながら逐一心電図に目をやるが、スクリーンの拍動の間隔が広がってゆき、ついには弱くなってしまう。

脈がない。それから三〇分間のわたしの記憶はぼんやりしている。アドレナリン注射、胸骨圧迫、アトロピン投与、心肺を蘇生させる処置の数々。二度、患者さんの心臓の電気活動が、ふいに不規則なぶり返しを見せ、除細動器のショックに反応したはずで、一瞬のちに脈が戻る。が、その歓喜の心にじわじわと恐怖が広がる。心臓はまた打ち始めたかもしれないが、瞳孔が光に反応することはもうなかった。脈は戻ってきたが、脳が重いダメージを受けていたのだ。わたしがいちばん近い都市部の病院に電話し、そこの集中治療チームが、患者さんを引き受ける段取りをつけてくれた。

ご両親も若い人たちだった。娘さんが生まれたときは、ご自分たちも一〇代くらいだったに違いない。わたしは陰鬱な表情で腰を下ろし、なるべく言葉を選びつつ、なるべく事実に即しつつ、説明した。心拍はいったん停止したあと再開しているのですが、脳がもう正常に働いていません。お嬢さんを移送して集中治療を受けていただくことになります。移送のさいには同乗していただけます。自分が何を言ったか細かくは思い出せないのだが、お父上がやっと返事をしたとき、その言葉の並外れた気高さ、曇りのなさに、心を打たれた。「もし戻ってこられないとして、あの子に人助けができるでしょうか？　あの子に腎臓を提供することはできるでしょうか？」

その患者さんは集中治療室でも回復することなく、二四時間も経ったころには「移植されて」いた。二つの腎臓は、二人の成人のところ、国の両端に行った。角膜は、目が見えなかった人に視力をもたらした。肝臓は、アルコール依存から立ち直った人のところに行った。膵臓と小腸は、まれな遺伝子疾患のために食べ物が吸収できない一〇代の少年のところに行った。主要組織のうち、心臓と肺——患者さんを死への入口に導いた臓器——そして脳——暗闇に向かいすぎて光のもとに戻せなくなった臓器——だけが、ご本人とともに葬られた。

腎移植の独特なところは、腎臓が二つあるからなのだが、ひとつを生きながら提供できて、しかもドナーに比較的小さな負担しかかからない、という点だ。かつては腎移植といえば、ほとんどが兄弟姉妹間や親子間だったが、その必要ももうないだろう。組織適合性検査が向上したおかげで、大勢の集団のなかで適合する臓器をマッチングできるようになり、臓器移植が社会的利益として受け容れられてきたことで、血縁者ではない人たちのあいだでの臓器提供が増えることになった。こういった「生体非血縁ドナー」が、現在は西洋の全腎移植手術の半数ほどを占めており、会ったことのない人への臓器提供がなされている。二〇一一年以来、英国には「プール提供」のシステムがあり、腎臓を血縁も面識もない

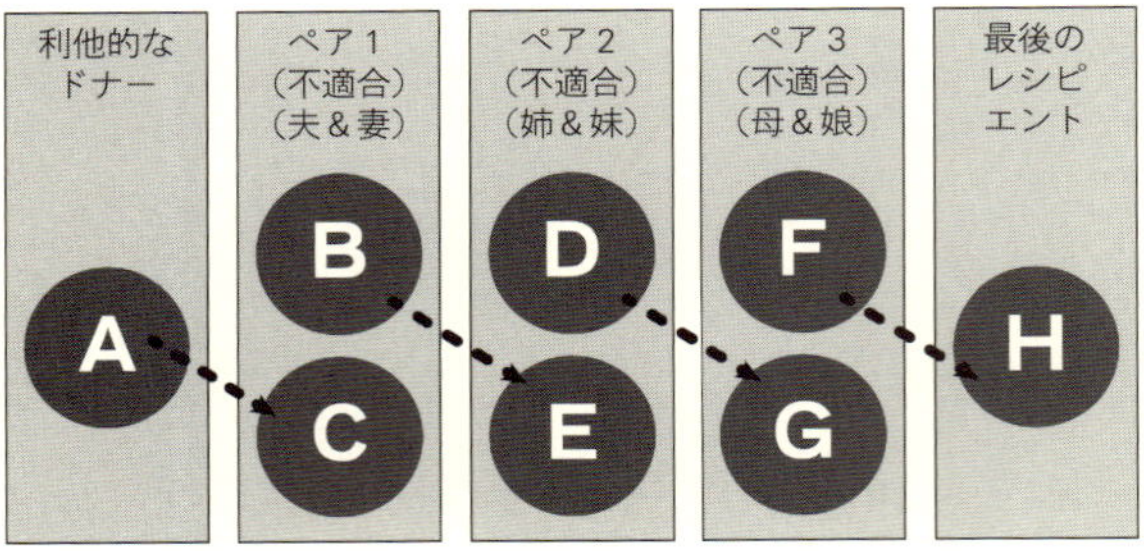

人に提供できるし、あるいは、参加できる人がいるかぎり存続するようなギフト・サークルにも提供できる。

　Bさんは自分の腎臓を妻のCさんにあげたいのだが、Cさんが夫と不適合なら、Aさんから腎臓をもらう必要がある。妻が腎臓をもらえるのだから、Bさんは自分の腎臓をかわりにEさんに贈るという選択をする。Eさんの姉（Dさん）は腎臓をGさんに提供し、Gさんの母親（Fさん）はHさんに提供し、贈りものの輪《ギフト・サークル》が広がっていく。このギフト・サークルを始めるには、ひとり利他的なドナー――この場合はAさん――つまり自分はなんの見返りも期待せずに、知らない人に腎臓を提供する人がいればいいのだ。

　デイヴィッド・マクダウルは、移植のために腎臓を調達する西洋でのこの新しいトレンド――利他的なドナーがいれば始められるギフト・サークル――に参加している。わたしたちは共通の友人を介して会ったのだが、そのときデイヴィッドは手術後の回復期にあった。「単に、自分のからだにとってはスペアで、ほかの人が有効活用してくれそうなところを、もっていってもらっただけ」とデイヴィッド。「そんなに不便なことはなかったし、だれかの命が助かったわけだしね」

デイヴィッドは、いま彼の腎臓をもっている人とは一度も会ったことがないし、英国の臓器提供にかかわる法規制は厳しいから、これからも決して会わないだろう。「手術を受けるリスクはわずかだし、それにリスクのない人生の何がおもしろい？」デイヴィッドは六〇代の歴史学者で、中東史を専門にしている。「もっと危ない思いをしたこともあるよ、レバノンで、仕事中にね」

デイヴィッドが片方の腎臓を提供しようと思うようになったのは、そういう贈りものができるということを、新聞の記事で読んでからだ。その何年か前に、出血性胃潰瘍で死に瀕したことがあり、輸血なしには命を落とすところだった。そんなデイヴィッドにとって、臓器提供は、自分の命を救ってくれたシステムに返す贈りものにふさわしい方法だった（英国では輸血は無償だ——歴史的に見ても、輸血は体組織提供のごくありふれた形だ）。孫が生まれたものの、その子が生死の境をさまよい、手術が必要になり、六週間集中治療室に入り、さらに回復まで数カ月の入院生活を要したことが、デイヴィッドの決心を固めることになる。「それまでにはもう腹を括っていた」とデイヴィッド。「お礼の気持ちというか——仮に孫が死んでいたとしても、そうしていたと思うよ、提供しようって決めたのが先だったから。やっぱり、それまでに国民保健サービスがしてくれたあらゆることを強く意識していたしね」。そしてロンドンのハマースミス病院に手紙を書いて、腎臓提供の意思表示をし、それから一年少し経ったとき、デイヴィッドは手術台に乗ることになった。

腎臓を提供するといっても、とくにお金を貰えるからそう決めた場合には、後悔する人もいると聞いています、とわたしは言う——思っていた以上に怖いわ、痛いわ。「ぜんぜんそんなんじゃなかったよ」とデイヴィッド。「困ったことと言えば、とにかくふつうに寝返りを打てないこと。手術で切ったところが当たるんだよね、あっという間に治っちゃったけど」。デイヴィッドが手術を受けたのは午前九時で、その日の夕方にはベッドから降りられた。「賢い医者に言われてね、歩きだすのが早いほど退院も早い、って。だから翌日には歩いて歩いて歩き倒したんだ、点滴のスタンドを摑んでね。そしたら一般病棟に移されて——あそこはほんとに眠れなかったなあ——翌日には帰してくれた」。たった四八時間ちょっとの入院だったわけだ。

「いま自分の腎臓をもっているのがどんな人か、気になりますか?」訊いてみた。

「そりゃ気になるよ!」とデイヴィッド。「でも、守秘の理由はわかってる。どんな人にだって、不快な思いは絶対にさせたくないし、どんな負い目であれ絶対に感じてほしくないからね」。考えこむように言う。「街を歩いていて、自分の腎臓をもってる人とすれ違うかもしれない、知り合ってたとしても絶対に気づかない。そうわかってること自体が、喜びなんだ」

ヨーロッパには、何かを記念して高台に石を置く習慣があるが、チベットの丘の上の記念物は、もっと生々しい。チベットの伝統的な死体の廃棄法が「鳥葬」だ。死者のからだが小さく解体され、ハゲワシのために山の斜面に置かれる。鳥葬は、土の層が浅すぎて墓が掘れない場所では好都合だし、生きとし生けるものの命が永らえるのは、ほかの生きものの死を通してだ、と受け容れる術でもある。鳥葬台のまわりの地面には人の骨が散乱し、旅行者たちに諸行無常を思わせている。

ヨーロッパ人が旅行者を導くよう積み石《ケルン》をするのとまったく同じように、チベット人も昔ながらの巡礼路沿いに石の山を築く。その巡礼路は、風景に表れた脈管のようだ。巡礼たちは歩きながら、その山から石をとっては別の山に積んでいく。からだを癒す方法として、病人の上で特別な石で円を描くようすがチベット医学では見られるが、巡礼たちの手やポケットに運ばれながら、風景の上で石が動いていくのも、魂を癒す方法と見られている。

治癒をもたらす石は、チベットのものだけに限らない。スコットランドのキリンという村には、八世紀に活動したとされるケルトの聖職者、聖フィラン ゆかりの八つの石がある。具合の悪い臓器にいちばん似ている石を手にして、からだに擦りつけるよう言い伝えられている。キリンの水車小屋は、聖フィランが最初に造ったと言われ、そこへ行くとその八つの石を手にとれる。顔のように見えるものあり、肋骨のような形のものあり、お腹のように臍《へそ》があるものあり。黒っぽい、とりわけすべすべしたのがあって、それは人の腎臓に似ている。

詩人で芸術家のアレク・フィンレイは、この聖なる石に興味をもち、そのことと臓器移植手術に魅かれる気持ちを結びつけてきた。そして、エディンバラの王立植物園内に「臓器および組織ドナーのための」国民的記念物をつくるよう、スコットランド政府に委嘱される。そこでフィンレイは、昔ながらのタイ、つまりハイランド地方にあるようなゲール文化の草葺き屋根の家を建てる――かつて巡礼や牧民や隠者に提供された建造物だ。その記念物を見に行ったら、仏教徒の積み石とチベットの山岳地帯を思い出した。かつてのタイは、住居として建てられたとは限らなかった。儀式のために、聖なる石を保管するために建てられたものもあった。

「記念物の制作にあたって、精神性と居住性という性質をはっきり打ち出す必要がある、と感じた」とフィンレイは書いている。「悼んでいる人たちの気持ちを包みこむような住まいに……故人の想い出

nothing that ends with a gift will end in

のための部屋にしたかったが、庭園のなかにあって、花開くような感じや光も加わったようだ」

そのタイの屋根に、フィンレイはキリンの石に着想を得た石を置き、亡くなった人から生きている人への臓器という贈りものを象徴させるとともに、生きている人がほかの人の生が安らぐようにと提供したものの象徴ともしている。中の床石には、洗礼盤のようにきれいな凹面で窪みがくりぬいてある。それを囲むかたちで平易な九単語の詩が彫ってあり、輪になった詩文が永遠に繰り返される〔詩の訳は図版リスト参照〕。

フィンレイが意図したのは、想い出すことと気高くあることを祝福し、からだとその記憶が風景のなかに根づくかたちを探求することだ。そして、タイを通じて、臓器移植は新しい現象で、医学の先端技術の進歩があってこそ可能になるのだ、とも伝えようとした。「これほど世に言う奇蹟に近い治療法はない」、臓器移植手術についてそう言う――石の治癒力を思う信仰心よりも、医学的・外科的専門技術がもたらした奇蹟だ、と。フィンレイは、タイの屋根のなか、つまり地上に、移植された臓器を象徴する石を置くいっぽうで、タイの下、地中には、ドナーになった故人を表象する木の宝箱を埋め、最も意味に富むものほど目に見えるところから隠れがちだ、と伝えている。その宝箱の蓋には、外科用メス一本、そして臓器移植後の拒絶反応を抑える薬一包が、しっかりと取りつけてある。

個人が特定されないようにするため、そしてわたしたちがいかに同じものを共有しているかを際立たせるため、フィンレイはスコットランドの全臓器ドナーのファーストネームを一冊の本に手書きし、それぞれの名前を連結していって詩を紡ぎ出した。王立植物園の記念物は、わたしたちのまわりの自然風景——山や森、積み石と鳥葬——を伝えながら、わたしたち人間どうしが縁あって結びついている社会風景をも伝えているのだ。

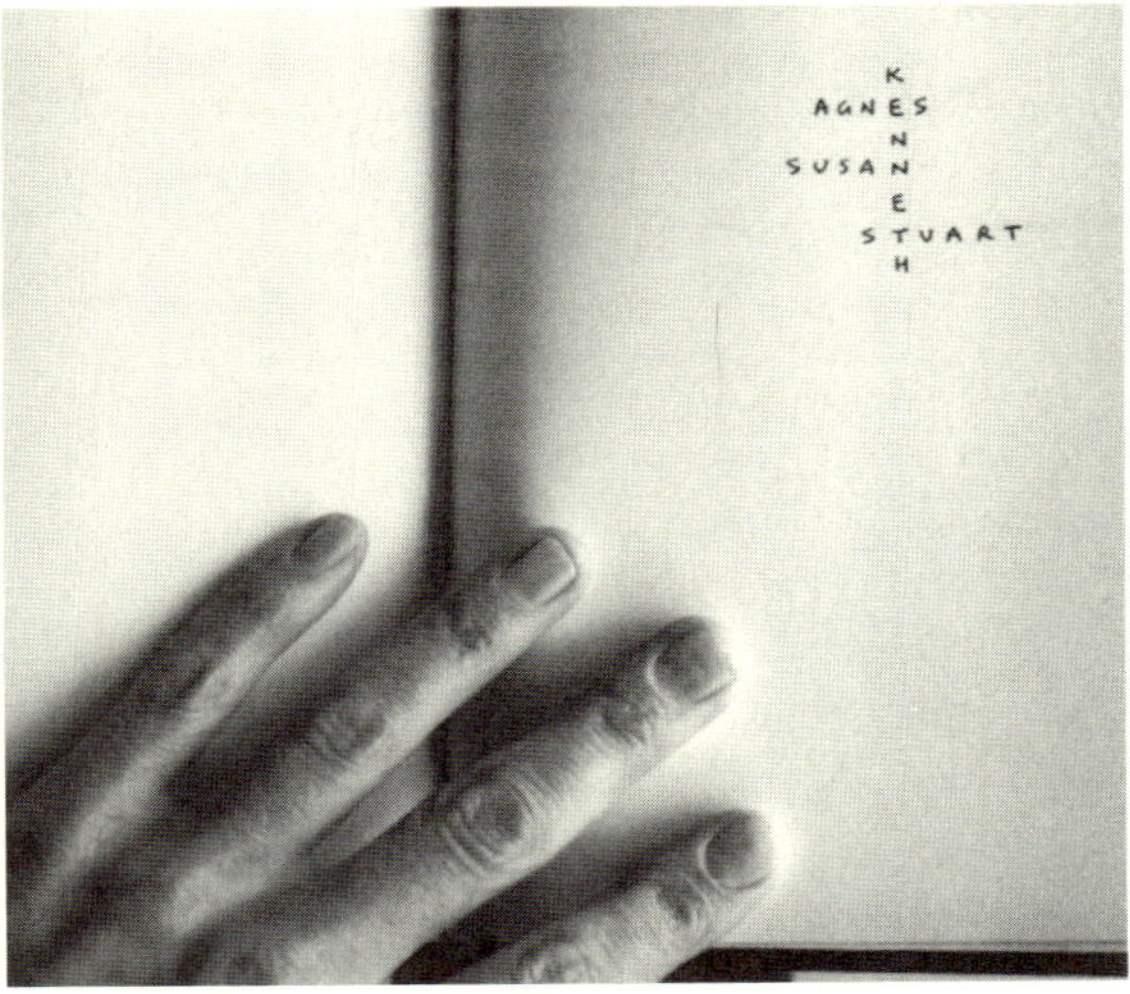

12 肝臓

おとぎ話の結末

そこで、お妃は、りょうしをよんで、いいました。「あの子を、森のなかへつれておいき。顔を見るのもいやだ。ころしておしまい。しょうこに肺とかんぞうをもちかえるのだ」[1]

——「白雪姫」『グリム童話集』

血液検査の結果は、このごろはコンピュータで来ることが多いが、わたしが病院医療の仕事についた当時は、ピンクと黄色と緑の紙をセットにした束が、郵便物の仕分け室から一日に二度、届いたものだった。その用紙に目を通して受け取り承認のサインをするのも、仕事のうちだった。抗生物質を変える必要があるとか、患者の肝機能に不具合があるとかいう結果が出ていると、わたしの責任で——サインした医師として——対処する。

ピンクは血液検査報告書で、それぞれの患者の血液の濃度、成熟度、細胞中のヘモグロビン量が記載してある。黄色は微生物検査報告書で、検査機関で分離できたあらゆるウィルスと細菌名を列挙してある。緑は生化学検査報告書で、肝臓、甲状腺、腎臓の機能を示しうる物質量とともに、体内塩分濃度も記載されている。それぞれの報告は一覧表で示してあって、横には以前の検査結果が書いてあるので、

			Blood	Blood	Blood	Blood	Blood
Urea	mmol/L	2.5-6.6	4.4	4.8	4.2	5.0	
Creatinine	umol/L	60-120	70	76	74	72	
eGFR (/1.73m2)	ml/min				72		
eGFR (/1.73m2)	ml/min					>60	
Sodium	mmol/L	135-145	139	141	141	139	
Potassium	mmol/L	3.6-5.0	3.6	3.5	3.9	3.2	
TCO2	mmol/L	22-30	27	25	25	25	
Glucose	mmol/L				5.0		5.8
Glucose spec.	type				FASTED		RANDOM
Bilirubin	umol/L	3-16		6	9	8	
ALT	U/L	10-50		22	22	22	
Alk.Phos	U/L	40-125		73	83	86	
GGT	U/L	5-35		40	40	37	
Albumin	g/L	35-50		42	43	40	
Cholesterol	mmol/L			5.8	6.0	5.0	
Triglyceride	mmol/L	0.8-2.1		2.2	2.6	3.0	

現在までの数値の推移も読み取れるようになっている。

「肝機能検査」または「ＬＦＴｓ」がいちばん解釈が難しく、しかも名が体を表していない——数値が肝臓そのものの機能をさほど示していないのだ。肝臓の組織中につねにある物質の数値を測るのではなく、肝臓が荒れたり腫れたりしているとき、その程度に応じて血中量が増えてくる物質の数値を測っているからだ。「肝炎検査」と言ったほうが正確だ。そんな検査項目のひとつが「γ‐グルタミルトランスフェラーゼ」またはＧＧＴで、この値はアルコールや胆石で肝臓が炎症を起こしているとき、とくに上昇する。「アラニントランスアミナーゼ」またはＡＬＴという項目もある——肝炎になったときや、薬物や免疫系が肝臓の組織を攻撃したときに、上昇しやすくなる。

肝臓は神秘的な臓器だ。生きるためになくてはならず、働きは多岐にわたり、組織が再生するという、ふつうはない特徴をもっている。血液から毒素を取り除き、望ましくない化学物質を胆汁のなかへ排出する。たくさんの機能のなかからもうひとつ挙げるなら、からだが必要としているタンパク質をつくり出す。タンパク質の生成量は、「アルブミン」という物質の血中濃度で測れる。アルブミン値を見ると、肝臓がちゃんとしっかりタンパク質を生成しているのがわかるだけでなく、その人の栄養状態がどれほどいいかもわかる。もし飢えかけていたり、肝機能が落ちていたりすると、アルブミン濃度は下降し始める。

　ニーヴ・ホワイトハウスは二〇代後半の小柄で可憐な女性で、真っ黒な髪と妖精みたいに尖った耳の持ち主だった。その半生と病気について聞いたのは、同僚からだ。ニーヴはエディンバラ育ちの一人っ子で、父親を七歳のときに亡くした。一四歳のとき、母親が再婚したのを機に家出し――そのまま家族と生き別れてしまう。いつも自然が大好きだったニーヴは、数年間ロンドンを放浪したあと、スコットランドに戻る。そして大きな屋敷で庭師の助手の仕事を見つけ、ほとんどその敷地を出ることなく何年も幸せに暮らしていた。

　ある日、薔薇の花壇を掘り返していて、棘で手を引っかいてしまう。血が出たけれど、気にしなかった。しかし翌朝、体調が思わしくない――めまいはするし、足元はおぼつかないし、熱はあるし、筋肉痛もする。仕事を早引けせざるをえなくなって、ふらつきながら家に帰った。自分では風邪ではないかと思っていた。翌日、敷地の管理人が仕事を割り振りにやってきたとき、ニーヴは戸口まで這い出すのもやっとだった。「きょうは寝てたほうがいいね」そう管理人は声をかけた。が、しばらく経って窓から覗いてみると、ニーヴがソファにくずおれている。窓をがたがた鳴らしても、気づくようすがない。管理人は戸口を破って、救急車を呼んだ。

　ニーヴに会ったのは集中治療ユニットで、筋弛緩剤を打たれ、人工呼吸器をつけられ、鼻と口と首と手首と腕と膀胱にビニールの管を入れられていた。目は角膜が傷つかないようにテープで閉じられ、胸には心拍を逐一記録できるようコード類が走っている。耳たぶに挟んであるプラスチックのクリップ

——血中酸素量をモニターする機器——が赤い光を放っている。点滴スタンドの森のなか、抗生物質と代用血漿と輸血と強心剤のカクテルが滴り落ちるもと、ニーヴは眠っていた。乱れた黒髪が枕の上に広がって、真っ暗な暈《かさ》のようだ。針がうまく入らなかったときに飛び散ったものだろう、首をこぼれ落ちた血が、シーツに点々と暗紅色のしみをつくっている。

薔薇の棘についていたブドウ球菌という細菌が、血流に入りこんで増殖しだしたのだ。そして細菌が放出した毒素が、ふだんなら調和と制御のとれている身体機能を荒らしているのだ。ニーヴが倒れるや、血液はいつどうやって凝固するかを調節できなくなってしまった。からだのあちこちで出血が起きて、皮膚に花が開いたような真紅の斑ができるかと思えば、血流が固まりだしたところもあり、そこでは組織へ酸素が行き渡らなくなっている。増殖して塊になった細菌が血流に乗って手や足の先にまで至っており、そのせいで指先が黒ずんだようすは、胴枯れ病で葉先が茶色くなった植物のようだ。血圧がふつう一定に保たれているのは、動脈と静脈の外側が密封されているからだが、ニーヴの場合、免疫系と細菌の闘いで生じた化学物質のせいで、その密封に破れが生じてきていた。結果、毛細血管が洩れ始めている。しみ出した組織液で、華奢なからだが、氾濫した川の土手さながらにむくんできていた。

はじめ病原菌の増殖は血流中に限られていたが、どこかでバランスが崩れるや、毒素が堰を切ったように臓器へと流れこみだした。すると、免疫系内で情報伝達をするタンパク質が混乱して、自分の細胞を毒素と勘違いしだし、肝細胞にも十字砲火が加わりだしてしまった。肝臓のダメージが進行するのを、わたしは緑の生化学検査報告書で見ていた。アルブミン値が下がりだしていた。赤血球が破壊されると、そのなかのヘモグロビンが「ビリルビン」という代謝物になって肝臓に運ばれる。が、弱っているニーヴの肝臓は、このビリルビンを処理して胆汁にすることも、いつもどおり胆嚢へ排出することもできず、結果、血中ビリルビン濃度が上がりだした。ビリルビンの増加で黄疸を起こし、皮膚が黄色く硬くなったようすは、まるでからだが内側から自らに防腐処理を施しているようだった。ＧＧＴ値が、そしてＡＬＴ値が上がりだす。正常値の二倍、四倍、まだ上がる。

一日二回の病棟回診のたびに、わたしは先輩医師たちと集まって数字の並んだ検査報告書を見つめ、ニーヴの回復の手がかりを摑もうとしたり、数字の傾向から望みを繋いだりした。ベッドに寝ていると冬眠でもしているようなのだが、じっさいニーヴは、日一日と、死に近づいていた。

心臓がポンプだと知られるようになる以前は、血液は肝臓でつくられ、それ自体の生命力に駆られて激流となって心臓に流れこんでいる、と信じられていた。そして肺から来た精気《プネウマ》と混ざり合って分散し、組織で消費される、と。血液のもと、つまり生命の源として、肝臓は力と神秘の象徴だった――肝臓を調べると、未来の秘密が明らかになると思われていた。肝臓は幅があって中身の詰まった臓器で、内臓のなかでいちばん大きく、心臓の心室や腸管に太い管で繋がっている――命の秘密が隠されていると思われたのも不思議はない。シェイクスピアは、肝臓のなかの血の量が生命力を表しているとした。「奴はな、解剖してみろ、肝臓に血の気もねえような臆病者だ。ちっとでもあったらお慰み、なきがらは俺様が喰ってやらあ[1]」

遡って古代バビロニアでは、肝臓にはものごとを予知する力があるとして、いけにえの動物の肝臓を調べていた。この占いの方法については、聖書が詳しい。エゼキエル書に、ある王がこの方法でこれからどうすべきかを占うようすが述べられている。肝臓をあらためて未来を予言する神官は、腸卜官《ちょうぼくかん》と呼ばれていた。「バビロンの王は二つの道の分かれる地点に立ち、そこで占いを行う。彼は矢を振り、テラフィムに問い、肝臓を見る」[2]

別の近東の神話、プロメテウスの物語は、肝臓を、再生しうる唯一の臓器と見なしていたようだ。プロメテウスが神々から火を盗んだ廉《かど》で受けた罰は、岩に鎖で縛りつけられて大鷲に肝臓をついばまれるというもので、つまり命の源を責め苛まれるものだった。それでも翌日には元どおりになるので、この拷問は長く続くのだった。

肝臓で未来を占う慣わしは、地中海沿岸や近東の文化に限ったものではない。古代ローマの歴史家タキトゥスは、著書『年代記』に、北ヨーロッパの民族が人間をいけにえにするようすを書き、そういった民族は未来を予知するのに「まだ動いている臓物」を調べることが——あまつさえ食べることも——あった、としている。こんにちでも「きみの肝が食べたい」という愛情表現が、イラン東部からハンガリー西部の平原地帯にわたる地域で使われている。イランやハンガリーの言語にはカニバリズムの響きがあるかもしれないが、北ヨーロッパでは、タキトゥスが報告した風習は土地のことばからはほぼ消えてしまった。とはいえ、すっかりなくなったわけではない。ヤーコプ・グリムとヴィルヘルム・グリムが集めた民話には、肝臓を食べる習俗や、未来を占うのに内臓を用いる慣習の名残がある。

白雪姫の物語は、一八一二年にグリム兄弟によって初版が刊行されたが、[*] そのなかで人智を超えた知恵をもたらすのは、内臓の吟味ではなく魔法の鏡だった——バビロニアの王が心配そうに「テラフィ

ム」におうかがいを立てたのに似ている。[2] その初版では、白雪姫が美しさで母親であるお妃をしのぐのは、ちょうど七歳のときだ。「白雪姫を見るたびに」と物語は語られる、「にくらしくて、むねがにえくりかえる思いでした」[3]。お妃は猟師に命じて、娘を外に連れ出して殺し、内臓を――肺と肝臓を――証拠としてもち帰るように言う。

面白いのは、証拠に選ばれているのが肝臓と肺で、白雪姫の首でも、心臓でも、あるいは遺体そのものでさえないことだ。著名な作家で、神話やおとぎ話を研究しているマリーナ・ウォーナーに、なぜ初版の白雪姫で内臓、とくに肝臓が選ばれているのか、考えを訊いてみた。「内臓は符号でしょう」とウォーナー。「たぶん、意地悪なお妃の魔女のような印象は、異教の腸卜官と通じるところがあると、この内臓によって強調しているのでしょう」。猟師はもちろん白雪姫を殺しきれず、かわりに猪の内臓をお妃に差し出す。グリム童話の初版では、お妃はそれをあらためると、満足して「塩ゆでにさせて」食べてしまった。もし比較解剖学にかなり詳しいか、せめて食肉処理の知識があったら、お妃は自分が騙されたことに気づいたかもしれない――猪の肝臓は人間のよりもごつごつしているし、肝葉はむしろすすべしているからだ。

意地悪なお妃は、白雪姫がまだ生きている（のと、七人の小人と暮らしている）のを知ると、お婆さんに扮して三回、恐ろしい贈りものをする。三つめはりんご、エヴァが身を滅ぼした原因で、創世記の神話では知恵の象徴だ（だからパソコンの蓋にもついている）。毒りんごを食べた白雪姫は、倒れて昏睡に落ちる――まるで血流が毒素に侵されたかのように。

今回ばかりは小人たちも生き返らせることができなかったが、「姫は、まるで生きているように、みずみずしく、きれいな赤いほおをしていました」。そこで小人たちは白雪姫をガラスの棺に入れて、見ていられるようにする。そんなにも美しく、生きているかのような若い娘を、埋葬するに忍びなかったのだ。

白雪姫は、数多くの「眠り姫」のひとりだ。ヨーロッパのおとぎ話や神話に登場する、眠りに落ちて死んだようになってしまう若く美しい女性のことだ。最初に眠り姫が登場したのは、一四世紀フランスの物語『ペルスフォレ』で、もともとの白雪姫の物語がこんにち知られているものよりずっと暗く物騒なように、そのもともとの眠り姫も、眠りについたままレイプされ、目覚めないまま出産する。一七世紀ナポリの類話では、眠り姫が産むのは太陽《ソーレ》と月《ルーナ》という名の双子で、そのいっぽうが姫の指先から棘を吸い出したために姫は目覚める。

白雪姫の場合は、眠りから覚めるのは、型どおりの王子のキスのおかげではなく、毒りんごのかけらが喉から外れたおかげだった。まるで毒にあたって眠り続けているあいだに、多感な時期が移ろい過ぎたかのようだ。さなぎを破り出た蝶のようにガラスの棺をはねのけた白雪姫は、大人の女性になっていて、すみやかに王子との結婚に応じる。

＊　一八一二年の初版は、おおむね学者や研究者たち向けのものになる。第二版のとき、物語の一部は解毒（たとえば、娘を食べる「母」は「継母」に変更）され、露骨に性や妊娠を指している箇所は削除された。

こういった昏睡状態にある受け身の美少女譚《たん》には、朽ちることのない謎めいた魅力がある。そこには性的に熟していくことを象徴するものがぎっしり詰まっているが、少女の眠りが意味するところは、時代とともに変わっているようだ。眠り姫譚は、繰り返し語り継がれ、新しい世代のために改訂《アップデート》され、実写映画やアニメになる。マリーナ・ウォーナーは、こういったディズニー製作版めいたおとぎ話にもはや「愛らしく従順なお姫さま」はいない、と指摘する。[3]「家族向けエンタテインメントにおいては、ヒロインたちは雄弁に、活発に、不撓不屈になった。そしてだれだろうと、恋人になりそうな相手の場合はとくに、受けて立ち、さらには恋に落ちるそぶりさえ見せないのだ」。こういったヒロインはダイナミックかもしれないが、意識を失って、眠りから覚めたら変身を遂げていてほしい、という嗜好は存続している。二〇一四年、ディズニーは、自社アニメ《眠れる森の美女》をリメイクした映画《マレフィセント》を公開した。ゴシックふうのダーク・ファンタジーで、少女は指を刺されて眠りに落ちるのだが、目覚めるのは結婚というキスによってではなく、母性というキスによってだ――キスをしたのは、少女に呪いをかけたことを後悔している、邪悪な妖精だった。

最近になって、ディズニー版のアニメ《白雪姫》をまた見る機会があった。白雪姫がガラスの棺に寝かされる場面で思い出したのは、集中治療室にあるガラスの隔離室だった。

雇い主がニーヴの家を探して、引き出しのなかから古いアドレス帳を見つけた。そして、ニーヴの家族を知っている人はいないかと、片っ端から電話をしはじめる。はじめはうまくいかなかったものの、運よく何人めかで同級生に繋がり、ニーヴの母親の電話番号がわかった。雇い主はその番号に電話し、事態を伝え、二時間後には母親が病院に姿を見せることになる。

その人は、さながらロココ様式の大聖堂だった。豪華で荘厳で、値が張りそうな服で着飾っていた。声は金貨のようにきらきらしている。わたしはできるだけ明確に伝える。お嬢さんは敗血症——血液の中毒症——にかかっていて、腎臓と肝臓がいくらか働かなくなっています。お嬢さんは黒いあざのようなものがからだじゅうにできていますが、それも感染症によるものです。脈拍は弱いですし、肝機能も落ちてきていまして、輸血をしながら、抗生物質を最大限の量、投与しているところです。お母さんは目を見開き、まるで単に現況を詳しく物語っているというよりは、そこに未来の鍵があるかのように、わたしの顔をしげしげと眺める。「お嬢さんが踏ん張れるかどうか、わかりません」わたしは言う。「あと二、三時間が山でしょう」

「では、わたしはここにおります」お母さんは言う。

次に届いた生化学検査報告書にさほど変化はなかったものの、はじめて肝機能の低下が見られなくなっていた。翌朝と翌々朝、回診に行くと、ニーヴのお母さんはベッド脇の椅子で眠っていた——娘と離れ離れになっていた年月のすべてを埋め合わせでもするかのように。さらにその翌日、いつもより気がかりだったわたしは、血液が検査機関から戻ってくるのを待ちきれず、結果を電話で知らせてくれるよう頼んでおいた。「いい知らせですよ」検査技師が言う。「ALTが下がって、アルブミンがやや上がっていています」。そして次の日になると、測定しているあらゆる数値がもっと改善していた。担当医の考えで、鎮痛剤を減らしてみることになった。麻酔の投与量を減らすと、テープで止めたまぶたの下で目が動きだして、まるでそれまで夢の世界に囚われていたかのようだ。その次の日、ニーヴは目を覚ました。

目を覚まして、お母さんが目に入ったときの笑顔といったら、虹が逆さになったみたいだった。ニーヴはその日のうちに、なんとかしゃべれるようになった。最初の言葉はこう。「うちに帰りたい」

ニーヴは肝不全になるところだった――血流中に毒素が回り、その影響が肝臓に及んだせいで、危うく死ぬところだったのだ。しかし肝組織が再生して、一命を取りとめた。ニーヴを救ったのは、麗しい王子でも、母親との和解でもなかった――自分自身の肝臓に救われたのだ。

ＬＦＴｓは、いちばんよく検査機関に依頼するもののひとつだ。毎日、表でその数値を調べる。アルコールのせいで数値が上がることはよくある――適量をわずかに超えただけで、血中のＧＧＴ値が二倍にも三倍にもなる。薬物に左右される場合もある。たとえば、コレステロール値を下げるスタチンには、肝機能検査の数値を正常に表示させなくする性質がある。別に、胆石はビリルビンの排出を阻害するし、低栄養状態はアルブミン値を下げる。よくある炎症のように現れている数値が、がんが密かに進行していることを示す場合もある。

時には肝臓が炎症を起こしている原因がわからないこともあって、そんなときは患者に現代版の腸卜官のところに行って生検を受けてもらう。腹部に開けた鍵穴から、ハイテク医療の高僧が肝組織の一片を抜き出し、よくよく調べて、患者の未来について審判を下すのだ。その裁定が悲観的な場合でさえ、肝臓はよく再生してくれる。おとぎ話のような結末になるチャンスは、いつだってあるのだ。

13 大腸と直腸

見事な芸術作品

途中半ば、最後の抵抗が屈していき、腸が静かに排出するのに任せて読み進み、……また痔になるようなでっかいやつでなけりゃいいが。それ。うへッ！

——ジェイムズ・ジョイス『ユリシーズ』〔1〕

人間は管のような動物で、骨格と臓器は消化管の長さを支えるべく精巧にできている、と言えよう。この見地からすると、わたしたちは線虫のたぐい、一生をおもに摂食と排出にかまけているような原生動物と、大差ない。食物がいっぽうの端から入り、排泄物がもういっぽうの端から出て、栄養分と水分が吸収される。線形動物の場合、これを成し遂げるのに、一ミリの何分の一しかいらないが、わたしたちの場合、二〇から三〇フィート〔約六〜九メートル〕いる。わたしたちの腸は、あてがわれた空間に収まるべく、輪を、螺旋《らせん》を描かざるをえない。食物や排泄物を押し動かすのに、つねに身をよじったりひねったりしている。直腸がその管の終端なのだが、ここはいろいろとは動き回れない——背骨の仙骨に沿っているからだ。直腸という名は「真っ直ぐな」という意味のラテン語から来ている。大腸が身をくねらせてS字結腸を乗り切れば、真っ直ぐに骨盤を通って出口に至る。

機能について言えば、直腸はまさに待合室でしかない。出すべきときが来るまで排泄物を蓄積するところ。排便習慣はほとんど生得権に近いものだ。朝だろうが晩だろうが、規則的だろうが不規則だろうが、軟らかかろうが硬かろうが、わたしたちは自分の便通パターンに慣れており、それが変わりだすと心配になる。たいていの場合、これにはちゃんとした理由がある。医師が排便習慣の変化に興味をもつのは、それがもっと深刻な事態を知らせうるからだ。下痢なら甲状腺疾患の徴候かもしれないし、便秘なら悪性腫瘍の警告かもしれない。脂肪が混じって水に浮く便なら、膵臓が機能しなくなっているかもしれない。

どれくらいの頻度で便通があるかを尋ねると、その人の健康状態についてじつに多くの情報が明らかになるが、同じように、直腸そのもののなかを調べると、得られることがたくさんある。男性は、これが前立腺を検査するおもな方法になり、指を（手袋をしてから）入れ、前方の薄い壁越しに触れて調べる。女性は、ほぼ同じ場所に子宮頸管があり、場合によっては、とくにその女性に性経験がなければ、膣からよりも直腸から子宮頸管を検査するほうが好ましくなる。便に血が混じる人には必ずこの直腸診を行い、出血が痔核からか、裂肛からか、腫瘍からかを調べる――わたしはこの方法で直腸がんをいくつも見つけた（医学部にこういう格言がある。「指を入れずんばどじを踏まん」）。

お笑い芸人のせいで、大腸を検査してもらうには、ズボンを下ろしてお尻を突き出さないといけない、と思われているかもしれないが、じっさいいちばんいいのは、検査を行う者に背を向けて横になり、そのまま膝を抱えた姿勢だ。いつも驚くのは、あまりにも多くの人たちが、この姿勢をとるとき、謝ったりきまりが悪そうに冗談を言うことだ。「先生が朝、食べてなければいいんですけど」「こんなことさせてほんとすみません」。まるで直腸が汚いもののようなので、診察する側としてはうんざりしないでもない。ただ、そう思う人がいるのは理解できる。わたしたちは物心ついたときから、排泄物に触ってはいけない、直腸や肛門は不潔で不快なものだ、と教えこまれてきているのだから。

たいていの医者にとって、化膿した傷や脱出した腸や壊疽にかかった手足を嫌がるなど、見当違いなことだ。診察しなければならないものに、美醜は無関係だ。しかし、診察室に醜さの入りこむ余地はほぼないとはいえ、美しさは、辞書のいう「感嘆を呼び起こす」という意味では、かかわってくることがある。人体の構造の複雑さと無駄のなさは、健康であれ病気であれ、しばしば美しいものだ。それに、皮膚の下の調和を思い浮かべる《イマジン》のが美しいことならば、超音波スキャンといった医療現場の図像《イメージ》も美しいものだ——暖炉の上や赤ちゃんのアルバムの最初のページを飾っている、あの光と影の織りなす粒子の粗いエコー写真を思ってみてほしい。

X線画像は、からだのどの箇所を写したものであろうと、とりわけ幽玄な美しさをたたえている。じっと見つめていると、骸骨や死をも彷彿させるが、それは視点を変えてあらためて人体をイメージするひとつの方法でもある。X線画像は肖像画に似ているが、描線と地平線と雲景のある風景画のようでもある。言葉遣いにも相似がある。救急科で、膝の「輪郭線」や顎の「全景」を撮ったものを見たい、などとよく言うからだ。こういったイメージが臨床上重要で、診断上も治療上も有用であるからこそ、X線画像の美しさはむしろ高まっている。

彫刻家のロダンは、芸術が真実への洞察をもたらすなら、そこに醜さはない、と言ったが、同じことは医療活動と、そこで創り出される図像にも言えるだろう。医学的に言うなら、身体《しんたい》が醜いことはまず

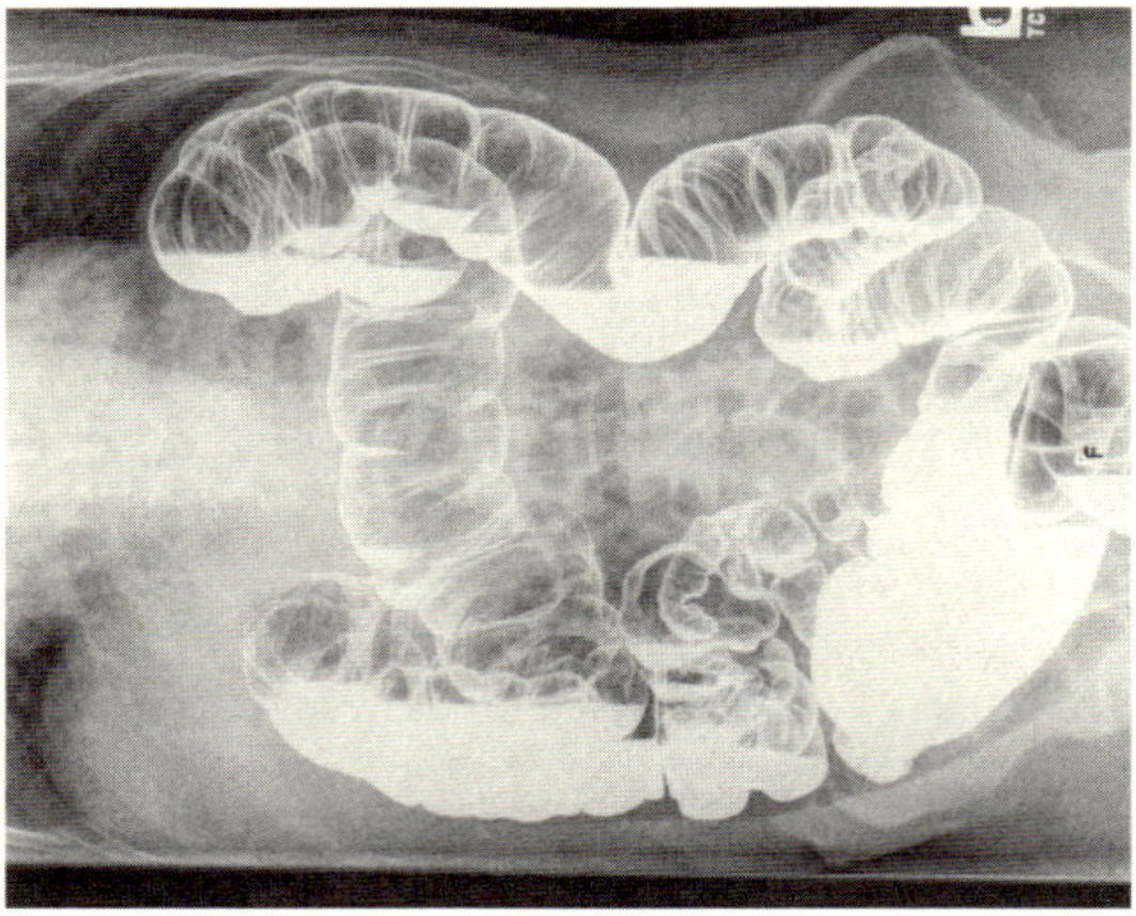

ありえず、その図像には芸術にも繋がる審美性があると言える——たとえその図像が……直腸のものであれ。

ダグラス・ドゥレットーは痩せた中年男性で、鼈甲《べっこう》縁の眼鏡をかけ、糊の効いた白いシャツを着ていた。ほどよく白髪が混じった髪を真ん中で分け、救急病棟のストレッチャーにきちんと腰かけているようすは、室内楽のリサイタルで後半が始まるのを辛抱強く待っているかのようだ。薄い病衣を着ている最中で、コーデュロイのズボンをきちんと畳んで、マットの端に置いていた。

診察ブースのホルダーからクリップボードを取り上げて、用紙に目をやる。「異物、直腸」とある。

「ここにいるのもお恥ずかしいのですが」とドゥレットーさんは顔を赤らめる。「出せなくなりまして」

「何をですか？」

「瓶です」とドゥレットーさん。「夜中までかかって出そうとしたんですが」

「瓶、何の？」

ドゥレットーさんはますます真っ赤になった。まるでストリップ・クラブで激写された最高法院判事だ。

「ケチャップの」

左側を下にして、膝を抱えて横になってもらい――「とにかく自尊心は玄関に置いてきましたし」――手袋をはめて指を直腸に入れる。

「いきんで」とわたし。「お通じのときのつもりで、力を入れてみてください」

指の先のほう、やっと届くくらいのところに、硬いガラスの端が触れた――が、遠すぎて横から指を引っかけられない。透明なプラスチックの管――直腸鏡――を挿入して、中を光で照らしてみる。透明なプラスチックの器具の奥に、黄色い排泄物の残分があちこちについた、ピンク色の健康的な直腸壁が見える。その真ん中、ぎりぎりなんとか見えるところに、ガラスがきらめく。「ちょっと手がかかるかもしれません」とわたし、「かなり奥ですので」。

ドゥレットーさんは背中を丸め、頭を抱え、肩を震わせ始めた。わたしは「洗浄」所――あらゆる尿や排泄物が廃棄される一画――でポータブルトイレを見つけ、外科エリアからはいつもは裂肛の手当てに使う軟膏を取ってきた。その軟膏は括約筋を弛緩させて裂傷を治すので、瓶を出すのにいいかと思ったのだ。軟膏を塗布し、トイレに座ってもらう。

何回かきばってもらってから、ベッドに戻って横になってもらい、また瓶にトライだ。今回はうまくいったと思ったのだが、最後の瞬間に滑って、さらに奥の沼地のような構造のところに入りこんでしまった。こっそり毒づいたつもりが、聞かれてしまった。

「何か?」ドゥレットーさんは不安げに尋ねる。

「何も」とわたし。「レントゲンを撮りましょうね」

その当時のX線画像は、まだ大判のアセテート・フィルムに焼き付けていた。いったんドゥレットーさんが診察ブースに戻ると、わたしはフィルムの入った封筒をもって医務室へ行き、出してシャウカステンにかざした。ちょっとした人だかりができた。

前景には円みを帯びた骨盤があり、ぼんやりしたガスのような腸の陰に谷底と谷線のような形を浮かび上がらせている――ターナー[2]が描くような空だ。中景にそびえているのは似つかわしくない形。田園風景に落ちてきた摩天楼。くっきりして、すぐに紛れもなくそれとわかる、ラベル付きのケチャップ瓶の輪郭だ。直腸に沿いながらS字結腸に入りこんでおり、瓶の肩と、矢尻のように先細になった金属の蓋が、内臓の奥深くを指し示している。

「申し訳ありませんが」ブースに戻って言う。「外科のほうにご案内しますね。わたしの手には負えないようですので」

審美にかんする心理学によると、芸術を素晴らしいと感じるのは、美しいと知覚されるからだけでなく、広くさまざまな感情が引き起こされるからだ。[1] 混迷、驚嘆、嫌悪、さらに羞恥でさえ。X線写真を見るかぎり、そこには疑いなく美的価値があった。骨と腸の有機的なフォルムと、それに相対するガラスと金属の人工美と。大量生産の瓶と、ドゥレットーさんの骨盤の自然な形との対置には、ポップ・アートのような訴求力があった。このＸ線写真は芸術作品だ、そう思った。ギャラリーに応募して、いや、夜に病院の外壁にプロジェクターで投影してしかるべきだ、と。一瞬、この写真がガラスに守られ綱を張られて、ＭｏＭＡかテート・モダンにかかっているところを想像した。

紹介状をタイプしてもらうと、職員がドゥレットーさんを案内しに来た。「外科ですか?」職員に訊かれて、わたしはブースを指す。ストレッチャーごと引かれて通路に出て行きながら、ドアロでドゥレットーさんが手を挙げて挨拶をする。

「もってく写真ありますか?」向こうから職員が声をかける。

「うん、あったあった」言いながら、わたしはシャウカステンのほうを向く。が。あのＸ線写真がない。盗まれたのだ。盗んだ輩にとっても、掛け値なしの芸術作品に見えたに違いない。

骨盤

14 生殖器

子づくりについて

私の父か母かどちらかが、と申すよりもこの場合は両方とも等しくそういう義務があったはずですから、なろうことなら父と母の双方が、この私というものをしこむときに、もっと自分たちのしていることに気を配ってくれたらなあ、ということなのです。

——ロレンス・スターン『トリストラム・シャンディ[1]』

妊娠の障害となるものを熟考するのは、人間でいる意味についての思索をどこまでも深く掘り下げることだ。わたしたちはかつて細胞の塊だったわけだが、その命は、最初に母親の子宮の壁にぶつかったときに宿ったのだろうか？　いや待て、多くの女性の卵子が、受精しても子宮内膜に着床しない。もっと遡って、父親のいちばん速くて強い精子が卵子に結合したときに宿ったのだろうか？　いや待て、男性のなかには、精子がのろのろふらふらしすぎて、卵子を見つけられない人もいる。さらに三カ月遡って、減数分裂という遺伝子のダンスのさい、つまりわたしたちを成している優秀な精子が父親の睾丸の奥深くでつくられているときに、命は宿ったのだろうか？　いや待て、減数分裂がきちんと起きない男性もいる。これを無精子症という——精液に精子がない症状だ。あるいは、もう二週間ばかり遡って、わたしたちを成すことになる卵子の機が熟して、排卵の特権をかちえたときに、命は宿ったのかもしれない。いや待て、生理周期の不順と排卵不全は、よくある不妊の原因だ。もしかしたら命は、わたしたちの両親が出会う何十年も前に、もう宿っていたのかもしれない――母親の卵巣のなかの卵子は、母親自身が子宮にいるときにつくられているから。

それに、卵子が子宮に至るまでには、物理的な障害もある。卵管の開口部に小さな襞状の突起があって、手で宝石をすくい取るように、卵巣から卵子をすくい上げている。すくい上げられた卵子は、卵管の高いところで受精し、最初期の細胞分裂を始める。ひとつの細胞が二細胞に、二細胞が四細胞に、四細胞が八細胞に、と続いていく。河を行く王室船隊パレード《ロイヤル・ページェント》を両岸で見送る人びとのように、卵管の内壁の細胞が、その細胞分裂中の受精卵を子宮のほうに押し出す。子宮に達するまでには、受精卵の細胞数は六四にもなっている。

まだ卵巣から出てきたばかりなのに早々に卵子が受精してしまい、腹腔内のあらぬところに着床することがある。これはわたしたちの生体構造の驚異のひとつだ――男性のからだには、女性にあるような内界と外界の連絡路に当たるもの、膣から腹腔内に精液を導くような経路はない。それで、もし受精した胚が腹腔膜に深く埋まってしまえば、そのまましばらくは成長するのだが、腹腔膜では大きくなっていく赤ちゃんにじゅうぶん血液が送れないので、流産の憂き目に遭う。もしこうやって腹腔内で流産が起こると、母親は自分の妊娠にさえ気づかないかもしれない。時とともに、その胚の組織は、脆い乳白色のカルシウム塩に取って替わられる。このような石胎もしくは「石児」が高齢の女性の腹腔内にあるのが、四〇年も五〇年も経ってから外科医に発見されることもある。

時には、胚が成長しながらも、卵管の途中で着床してしまうこともある。腹腔妊娠よりはよくあるタイプの「異所性」妊娠――着床場所が間違っている妊娠だ。この場合、赤ちゃんが大きくなって場所をとるようになると、卵管が広がらなくなってしまう。流産が起こり、卵管が膨張してひどい痛みを引き起こす。もしそのまま妊娠が進んだら、卵管が破裂して、母親は失血死するだろう――生まれる命から産む命への、危険な贈りものだ。

一八世紀末までヨーロッパでは、子どもを身ごもるには、男性と同じように女性もオーガズムに達することが重要だと考えられていた。一七世紀に使われていたある助産術の教科書には、はっきりこう書いてある。陰核がなければ女性は「欲望も覚えず、歓喜も覚えず、身ごもることさえない」[1]。強姦事件を審理する裁判官は、もし身ごもっていれば、合意に基づいていたに違いないと結論していた。一七九五年になってもまだ、マルキ・ド・サド――この侯爵は避妊法のことですっかり頭がいっぱいだった――は、絶頂のときに女性が「漏出する」液体が新しい命の創造の必須条件である、と書いていた。「これらの液体が混じり合うと胎児が生まれ、それが男か女になって産み出されるのよ」[2]

多くの国や文化から、この考えが正しくないのは明らかだった（女性の陰核切除は、たとえば、事実上この考えの反証になっている）のに、からだにかんする俗信の数々は、何千年も途絶えることがなかった。曰く、新しい命をうまく宿らせるには、すべからく男女双方にけいれん発作が起こるべし、女性のオーガズムが排卵に必要なのは自明のこととして、男女が同時にオーガズムを迎えるとよりいっそう妊娠しやすくなる、云々。ヒポクラテスは論文「生殖について」で、男女が性行為をしているあいだに骨盤内部がほてり、この熱が双方を発作のような絶頂に導くが、そのとき同時に精液が子宮頸管に達すれば

Fig. 35.
Mov. XXII.

（「火炎にブドウ酒を注ぎかけたようなもので」〔2〕）女性のほうがより強く絶頂を感じる、としている。ガレノスによれば、夫を亡くして長らく性交渉がない女性が、よく腰痛と手足の痛みを訴えるのは、生殖力をもつ液体が体内に蓄積しているからだ。治療するには、たまった体液の排出を促せばよく、性交によるのが望ましいけれど必要ならば手の刺激によってでもよい、と書いている。一六世紀ネーデルラントの医学者フォレストゥスは、女性は産婆を雇ってこの務めをやってもらいなさい、「指を一本、性器のなかに挿入してもらい……マッサージをしてもらうように頼むとよろしい。ただし、この方法を行なうと、患者の女性が痙攣的発作を起こすこともありうる」[3]と助言している。女性のセクシャリティにかんするこういった考えは、声を落としていきながらも、二〇世紀初頭まで続く。「ヒステリー」に悩む女性の治療のためにバイブレーターが発明され、ヒステリー自体が精神医学の教科書から削除される一九五〇年代の直前まで、使用が推奨されていた。（そういった器具のなかには、家庭用ミシンで駆動できるよう、連結具がついたものもあった。）

ロブとヘレンがクリニックに来たのは、ヘレンが経口避妊薬を飲むのをやめて一八カ月後のことだった。診察室で腰を下ろしたふたりは、恥ずかしそうに、気まずそうにしていた。「ずうっと赤ちゃんがほしいと思ってきたんですが」とロブが口を開いて言い淀み、ヘレンが言葉を継ぐ。「どっか悪いんじゃないかと思い始めたんです」。ロブはシェフだ。背が高くてやや太り気味、髪は白髪混じりで、心配そうな目をしている。ヘレンは保育補助の仕事をしている。細身で、赤い髪をボブにして、陶器人形のような白い頬をしている。「体外受精しなきゃ、でしょうか?」右手で左手の結婚指輪を回しながら、ヘレンが訊く。「三七だし、早く産めって言われるんです」

家族歴を尋ねる。ヘレンは三人きょうだいで、家族に健康上の問題はなさそうだ。きょうだいたちにはそれぞれ子どもがいる。ロブも三人きょうだい。姪が人工授精で妊娠している。

平均値から言うと、避妊せずに定期的に性交渉をもっているカップルが一カ月以内に妊娠する確率は二〇パーセント、六カ月以内なら七〇パーセント、一年以内なら八五パーセントだ。不妊検査を始めるのに医者が一年以上待たせようとするのは、このためだ。最初に行う検査はじつに単刀直入。ロブには、数日の禁欲後に精液のサンプルを二本とってもらい、一カ月以内に送ってもらう。ヘレンには、生理周期が一巡するあいだに二度、血液検査をしてもらい、定期的に排卵があるかどうか調べる。精液サンプルの用意が何より厄介だ。検査機関に送ってもらわないといけないのだが、そこはやっている時間が限られているうえ、射精後一時間以内に送らないといけない。「これ……なんです?」採取容器をわたすと、ロブが言う。「これじゃほとんど採れないですよ……念のため」。どうやって採取するかは、おたがい話さなかった。ヘレンが笑いだして、やっと診察室の緊張がほぐれる。「何言おうとしてんのよ?」ロブを肘でつつく。

ヘレンは、次の生理が始まってから三日めか四日めに最初の、その次の生理が始まる日の七日前に二度めの血液検査をしないといけない。最初の検査では、排卵を調整する二つのホルモン——「黄体形成ホルモン」と「卵胞刺激ホルモン」——がたがいに、そしてそれぞれエストロゲン量に対して、正しい比率になっているかを調べる。二度めの検査では、卵巣からじゅうぶんな量のプロゲステロン——子宮を妊娠にそなえた状態にするホルモン——が出ているか、つまり排卵があると言えるかを調べる。ヘレンがバッグから取り出した手帳には、方眼のところに過去一年間の生理周期がすべて書きこんであった。「これが生理周期のグラフなんですけど」苦々しげに言う。「がっかりの軌跡だわ」。血液検査の日取りを決め、予約を入れる。

次のときは、ヘレンがひとりで来た。血液採取が終わり、まくり上げた袖をもとに戻していた動きが、ふと止まる。「これの何が最悪って、わかります?」口を開く。「夫婦生活がだいなしになるんです……なんて言うか、ちっともロマンチックじゃないし、嬉しくもないんですよね、ずうっと排卵と受精のことばっかり考えながらって」

「不妊治療専門医に予約しただけで、お子さんを授かる方もいらっしゃいます」とわたし。「予約をとっただけで、ホッとなさってね。つらいことじゃないですから、気にしすぎないでくださいね」

「気にしすぎてるのかなあ」とヘレン。「前からなんですけど、オーガズムを感じたことがほとんどないんです。いまなんて、もうまったく。それって関係あるんでしょうか?」

オーガズムをつかさどる神経のことを「陰部神経《ピュデンダル・ナーヴ》」といい、これは男性でも女性でもほぼ同じところを走っている。名前はラテン語の「恥じる《プデレ》」に由来しており、まるでわたしたちがいまだにエデンの園に立ちすくんだまま、イチジクの葉陰で震えているみたいだ。外陰部は滑稽で、理不尽で、みっともなくさえあるかもしれないが、決して恥ずべきものではない。両親の陰部神経がなければ、わたしたちのほとんどはここに存在していないかもしれないのだ。妊娠やセックスやセクシャリティの話となると、人は引いたり恥じたりしがちだが、いち医師にとっては避けられない問題だ。人間のからだを相手にしているかぎり、いずれそのことを話さずにはいられない。

包皮で覆われていようが、割礼で感じにくくなっていようが、陰部神経は男性では陰茎亀頭の皮膚を通って、女性では陰核を通って枝分かれする。そして合流して束状になり、「海綿体」——男女どちらにも存在し、充血すると硬くなるが、かつては性欲の精気《プネウマ》や霊気で膨らむものと思われていた——の後ろを走る。それから陰茎もしくは陰核の付け根に至り、恥骨結合——男性のはゴシック建築風の尖頭アーチ、女性ではロマネスク建築風の円いアーチ〔赤ちゃんの頭が納まりやすい形でもあるし、円いほうが神経が四方八方に散る〕——の下でループを描く。そして、膀胱を支えつつ尿意を抑えている筋肉層と腱の下深くをくぐり抜け、外に向かい、腿の内側の皮膚に感覚をもたらす神経へと進む。陰部神経がここで滑りこむのは、男性では前立腺と精嚢、つまり精液を貯めて分泌液に浸しておくところの下、女性では子宮頸管と子宮の下だ。それから陰部神経はそのまま脊椎のほうに向かい、骨盤のなか、カンチレバー状になった強力な筋肉〔梨状筋と尾骨筋〕が体重を脚に伝えるところに出る。

仙骨は、脊椎のいちばん下にある三角形の骨で、聖職者のもつ香炉のように穴がたくさん開いている。仙骨《サクラム》という名がついたのは、そこがかつて聖《セイクリド》なるところ、人間の精髄を貯めている場所だと思われていたからだ――中世ヨーロッパの人びとは、生まれ変わるとき、からだは仙骨からまずつくり直されていくもので、新しい命の創生には仙骨から放出されるエネルギーが不可欠だ、と考えていた。陰部神経の各線維は、込み入った仙骨神経叢《しんけいそう》のあいだをすり抜けたあと、それぞれ仙骨の穴を通って、脊髄に繋がる。

マルクス・アウレリウスはオーガズムを、単に摩擦の持続時間によって生み出されるもの、と言った。アリストテレスは、受精に必要な熱は、二本の枝をこすり合わせると火が熾《おこ》るのと同じ原理で、性行為によって生成される、と考えた。とはいえ、もちろん性的な高揚の伝わり方は、こういった説が示すほど簡単には予測できない。着火のプロセスというよりは、嵐のときの雲と、プラスに帯電した大地の相互作用のような――心と生理のあいだを双方向に走る稲妻のようなものだ。世論調査が行われた西洋の国々では、女性のうち性交時にいつもオーガズムを経験するのは、たった三人に一人、と報告されている。これは社会的理由と身体的理由による。薬剤の作用も関係している。プロザックやセロクサットといった抗うつ剤は、西洋世界でもごくふつうに処方されている薬だが、陰部神経終末の働きを抑えて、男女ともをオーガズムに達しにくくする。ヘロインにも同じ作用があり、いちばん有名なのは、アルコールでもそうなることだ。

陰茎もしくは陰核内の神経と、それらと呼応する恥骨内の神経叢のあいだで、反射しあうように緊張が高まると、最終的に何か大きな変化が起きてオーガズムを引き起こす。フランス人が言う「昇天

（ちょっとした死《ラ・プティト・モール》）」は脳波スキャンでも見られるが、意識がなくなって暗転するのではなく、脳の感情の中枢（帯状回）や報酬系の中心（側坐核）やホルモンの産生領域（視床下部）が「明るくなる」。動物では、このホルモンの産生領域が、じっさいに交尾に呼応して排卵を誘発している場合もあるが、ガレノスの想像とは違って、人間ではそうは問屋が卸さない。

　オーガズムのあいだは、神経刺激のパルスが脊髄からさざ波のように広がって、男性なら前立腺と精嚢に、女性なら子宮頸管と膣に届く。男性の場合、このパルスに反応して、前立腺と精管と尿道が、締めつけるようなけいれんを続けざまに起こしながら、精子と精液を陰茎のほうへ絞り出すいっぽう、それに連動して反射的に膀胱の出口が閉じるので、精液が向かうのは一方向に――外になる。女性の場合は、同じパルスのさざ波が、尿道と膣前壁のまわりにある小さな腺――スキーン腺――にけいれんを起こし、この腺が、男性が放出する前立腺液に似た、女性版の精液のようなものを分泌する。

　スキーン腺の分泌口は、人さまざまだ。絶頂に達すると水のような液体を分泌するが、それが男性と同じように尿道に入る人もいれば、膣の内側にある孔に直接出る人もいる――このことが、オーガズムのとき「潮を吹く」ように感じる女性と、そうではない女性がいることを説明する。イタリアの性科学者でラクイラ大学教授のエマヌエーレ・ジャンニーニは、膣前壁の尿道のあたりが陰核とははっきり異なる性感帯になっている女性もいる、とする。[4] ニューヨークで活躍し、「Gスポット」の「G」にイニシャルを残している性科学者、エルンスト・グレーフェンベルクと同じように、ジャンニーニも、陰部神経の構造上のいたずらで、膣で人よりも深いオーガズムを得る女性がいる、と考えている。[5]

　健康な膣は酸性で、感染症を防ぐのに役立っている。あいにく精子は中性環境を――酸性でもアルカリ性でもなく——つまり子宮内で保たれている環境を好む。スキーン腺と前立腺の分泌物はどちらもアルカリ性なので、膣のなかに精液が放出された瞬間は、膣内の酸性環境がうまく中和されることになる。バルトリン腺は膣口の後部にあって、性交のずっと早い段階で活発になるのだが、ここからの分泌液もアルカリ性だから、やはり膣内を中和する。

ウィリアム・テイラー〔3〕は、二世紀以上前にこう書いている。「そこで詩的恍惚は、興奮のうちに達せられる、いっときだけだけれども」[6]。オーガズムが持続しうるのは男性で一〇秒、女性でその倍だ。女性のオーガズムのパターンは男性とは違っていて、到達するのも消失するのもゆっくり穏やかだ。女性のこういったオーガズムが妊娠を促すという説が、どれも説得力があるとは言えないものの、いくつかある。[*] たとえばこうだ。女性のほうがオーガズムが長続きすると、子宮頸管が精液を引きこむ時間が長くなって妊娠しやすくなるとともに、ふだんは酸性の膣内が中和されて、精子の寿命が延びることになる、と。しかし異説もさまざまある。そのほうが性行為の回数が増えることになるから、そのほうが脳からのオキシトシンの分泌（オキシトシンというホルモンの作用で子宮は液体を引きこむらしい）が増すから、などなど。女性のオーガズムは性淘汰の役割をするから、という説さえある——男性が自分の快感と同じくらい女性のよろこびを大事にするか、見極めている、というのだ。

* オーガズムは、いつもの相手ではない男性の精子を、いつもの相手の精子と選り分ける役割をする、という説まである。R. R. Baker and M. A. Bellis, 'Human sperm competition: ejaculate manipulation by females and a function for the female orgasm,' *Animal Behaviour* 46(5) (1993), pp.887-909 参照。

ジークムント・フロイトにとって、「エロス」およびエロス的なものは、生きるなかでの性的なものごとを象徴しており、エネルギーにたぎり無秩序で生成力があった。フロイトは、それを攻撃性や自己破壊に向かう人間の欲動――ギリシャ人が「タナトス」と呼んだもの――と対置させた。カール・ユングの考えでは、エロス的なものは暴力性と対置させるには足りず、人間の理性と感情のあいだのバランスをとるには余るものだった。「女性の心理は、縁を結ぶにも仲を裂くにも偉大な手腕を発揮するエロスの原理をその基礎としています」[7]とユングは述べる。それに対して「古来、男性にとっての最高の原理はロゴスということになっている」〔4〕――ロゴスから、わたしたちの論理《ロジック》という概念は来ている。ユングにとっては、酸性とアルカリ性が中性環境をつくりだすべくバランスをとらねばならないように、ロゴス的なものとエロス的なものは、男性、女性の双方を繁栄させるべくバランスをとらねばならないのだ。不妊のカップルのカウンセリングについて言うなら、ユングなら、こんにちの不妊治療専門クリニックに見られるような血液検査と解析への依存を、ロゴスに焦点を当てすぎていると見なしただろうが、ふたりのあいだの気持ちや性生活の健康のみに集中すると、今度はエロスに傾きすぎとしただろう。

二週間ばかり経って、またヘレンとロブに会うことになった。ロブの精液の解析結果は正常だった。わたしは検査機関が出してきた測定データに目を通し、「運動率」「正常形態率」「総精子数」「精子濃度」といった味気のない術語をわかりやすく言い直す。ヘレンのホルモン検査の結果も、ちょうど戻ってきていた。黄体形成ホルモンと下垂体ホルモンの比率は適正だし、エストロゲンも生理周期の初期に望ましい低い数値だ。生理の一週間前の血中プロゲステロン量も、正常に排卵があったことを示している――妊娠しないはっきりした理由はない。

「ですから、結果はどれも非常に安心できるものです」とわたし。「ロブ、検査結果は正常です。ヘレン、毎月の排卵予定日どおりに、卵巣から排卵がありますよ」

「じゃあ、何がいけないんでしょう?」とヘレン。

「なんらかの理由で、子宮頸管や卵管が、精液を中に入れないようにしていたり、免疫系が精子と卵子がいっしょになるのを防いでいたり、ということもありますが、ほとんどの場合はなんの問題もありません」

「じゃあ、これからは?」

「これから不妊治療専門クリニックに紹介状を書きますね。おふたりともさほどご心配には及びませんよ」

それから二、三カ月経ってロブとヘレンが戻ってきたとき、当初の恥ずかしげなようすは落胆の色にとって代わられていた。

「あのクリニック、行ってみてどうでした?」とわたし。

「訊かないで」ロブがぽつり。

そのクリニックの初診で、ヘレンがときどきワインを飲むことがあると正直に言うと、アルコールは誓ってやめるべき、と冷たく言われたそうだ。ロブは少しダイエットすべきだと言われ、さらにはどれくらいどうやってふたりがセックスをしているか突っこんだ質問をされて、頭に来てしまった。「訊くのが仕事なんでしょうけど」とロブ、「まるでどこから赤ちゃんが来るのか僕らが知らないみたいな扱いで」

またも血液検査をされ、卵巣を超音波スキャンされたあと、ヘレンは「卵巣予備能低下」が見られる、と言われた。排卵を起こす力がある卵巣のわりには「卵胞」が少ない、というのだ。体外受精が必要のようですが、そうしたところで成功の可能性は低く、一〇回に一回といったところでしょう、と。「先生も先生で、超音波検査があるなんて言ってくれなかったし」とヘレン。[5]「ぎょっとしちゃった、あそこの医者ったら、プラスチックの棒にコンドームかぶせてみせて、あたしに教えるんですよ、この人のどこにつけたげればいいかって」

侮辱的な扱いは受けたものの、ふたりはそのクリニックに通うことにした。治療の最初のステップは、ヘレンの卵巣内のすべての卵胞を「リセット」する注射シリーズで、これで全卵胞が同じ発育初期のステージになる。次はまたも注射シリーズで、今度のは卵子の成熟を過剰に刺激する——いっぺんにたくさんの卵子を発育させるのだ。「うんざり、あんなに注射いっぱい」ヘレンは言う。「お尻が注射の痕で真っ青になっちゃった」。いまなら経膣超音波検査がずいぶん普及したので、ヘレンも注射に辟易せずにすんだのだが。

ヘレンの卵巣が発育した卵胞で膨らみだすと、またまた注射をして卵子に最後の成熟を促す。その注射後三四時間以内、ほぼその時間きっかりが、卵子の採取しどきだ。採卵のためにヘレンは強い鎮静剤を投与され、ここでは経膣超音波スキャナーを使いながらだが、非常に細い針が膣壁のあいだを通り抜けて卵巣に入れられる。それぞれの卵胞内の液体がそろそろと抜かれ、採卵できたかどうか調べられる。ロブのほうも、その日の朝に採取したての精液サンプルを用意しておかなければならず、そのあとふたりは家に帰される。

その夜、鎮静剤が血中に濃く残っていたおかげで、ヘレンはぐっすり眠った。ロブのほうは、自分とヘレンがいっしょに寝ているその同じときに、自分たちの精液と卵子が白い壁に囲まれたどこかの実験室でいっしょにこき混ぜられているのか、と思って、眠れなかった。

「金曜日に採卵して」とヘレン、「それで火曜日にはまた行くはめになったの。受精した卵子が六つあって、二つが「クオリティが高い」やつで、意味わかんないけど、とにかくそのうち一つを──ベスト・クオリティのを──からだのなかに戻されたわ」

「それから？」とわたし。

「それから、なんにも起こらなかった」。ヘレンは顔をそむけ、ロブが手を伸ばしてヘレンの手をとる。

「あいつら、可能性は高くないって」とまたヘレン。「で、あたしたち、そういうことだって受け止めるか、そうじゃなきゃもう一回やる余裕があるか、考えなきゃなんない。あいつらんとこに、まだあたしたちの受精卵があるの、冷凍庫のなかに。たぶんあたしが冷感症ってことなんだわ……受精卵もそこにいるととってもと居心地がいいんでしょうね」

ガレノスにとって「不孕《ふよう》」は熱が足りない結果で、不妊を治療するには、単に骨盤内の臓器を温める方法を見つけるのが正解だった。その方法としては、前戯や「淫らな会話」、皮膚が赤くなってひりひりするまで生殖器に香草をこすりつけることなどがあった。一一世紀に活躍したアラビアの医師アウィケンナは、こういった言説を多く学んで西洋に伝え返した人物だが、女性の性的なよろこびを高める方法を探るべきだ、という考えに賛同した。「[女性が]欲望を満たせないなら……結果として生殖には至らない」と書いている。[8] そのいっぽうで、熱が余りすぎるのは逆に実りを減らす、とされていた。娼婦はめったに身ごもることがないと考えられていたが、それは娼婦がセックスに血道を上げすぎて、度外れた肉欲ゆえに種が「焼き尽くされ」てしまう、と思われていたからだ。

一六三六年の著書『病める婦人の手鏡』で、ジョン・サドラー——イギリスの産婦人科医の草分け——は書いている。問題はしばしば「男が速く女は遅すぎ、ゆえに双方の種子が懐妊の理に適うべく同時に合流することがない」点にある、と。[9] 不妊を女性のせいにするのではなく、サドラーは男性が、自分が「情欲にふけらんと、女性を誘惑」するテクニックに磨きをかけては、「その女性に火がつき燃え上がるよう」に仕向けるのを責めた。

女性がオーガズムの結果として身ごもるという思いこみは、人類の記録を遡るかぎり昔からあるのだが、ついに崩壊を始めたのが一八四三年、ドイツの医師テオドール・ビショフが、犬には交尾をしなくても排卵があると証明したときだった。その同じ年には、医学誌『ランセット』に掲載されたある論文が、間違ってはいるが、こう主張した。[10] 動物が「熱」を帯びるようになる周期は「女性の月経周期と生理学的に完全な類似性を有する」。結果、医学は、女性には周期的に排卵があるもので、性行為に応じてあるわけではない、という事実に目覚めることになる。このことは、ヴィクトリア朝という新時代に入って、女性のセクシャリティにかんして頑なな態度をとるようになった人びとに吹き込まれた（よろこびが不要なら、そんなことかまうものか）。そればかりか、月のうち妊娠するのは生理中で、それは動物が「熱を帯びるようになる」期間と相似している、という誤解にもとづく考えを呼び起こすことになる。これは一世紀近くもあとを引くことになり、一九二〇年代にマリー・ストープスは、ベストセラーとなった著書『結婚愛』で、いちばん妊娠しやすいのは生理の終わった直後、としている[11]——一〇日以上も早すぎる。ストープスによれば、女性が身ごもりそうもないのは月経中期だった——まさしくいちばん妊娠しやすいといまはわかっているときだ。

　何カ月かして、ヘレンとロブは、あの「クオリティが高い」と言われた受精卵の二つめのほうで再挑戦する。が、またもがっかりすることになった。「たぶん頭おかしいかもしれないけど」二度めの治療が失敗したことを報告に来たヘレンが言う。「もうどうしようもなく子どもがほしくて。道で赤ちゃんにすれ違っても、見かけただけでも、いちいち子宮が締めつけられる感じ。こんなんじゃ保育園の仕事やってけんのかしら」

「三回め、やってみたい?」とわたし。

「無理よ」ヘレンはため息だ。「二回めの支払いで貯金使い果たしちゃった。これからもう一回分のお金なんか貯めてたら、とっくに産めなくなっちゃう」

　少しのあいだ沈黙が流れる。

「ロブとはうまくいってる?」

「ええ、そりゃもう、申し分ないくらい。笑っちゃうんだけど……」言いかけて、話していいものか迷っているようだ。「ふたりともへこんではいるんだけど、どっかでこれまでよりおたがいの距離が近くなったっていうか。なんてったっけ——「風向きが変えられないなら、帆を直せ」だっけ。ずっとずっとうまくいくようになったの——あたしもそうだし、あの人もそう」。顔を赤らめる。「もう子どもつくるのはあきらめちゃったけど、また愛が紡げるようになってるような」

いま現在、この二一世紀になっても、わたしたちのからだには、どういう働きになっているのかはっきりしないままの面がいくつもある。一九六〇年代までは、脳と下垂体と卵巣のあいだで紡がれる複雑な織り模様のようなホルモンの働きが、生殖能力に照らして精査されることはなかったし、一九七〇年代末までは、体外受精でできた赤ちゃんもまだ生まれていなかった。その後の何十年かで数々の進展はあったが、多くが未発見のままだ。

わたしの知る範囲だが、免疫系が繰り返し子宮の受精卵を何かの感染と勘違いする――そして破壊してしまう――女性たちがいた。何度もつらい流産をしたあと、化学療法に似た投薬で免疫系を抑えこんでやっと妊娠したものだった。一〇年にもわたって流産を繰り返していたあるカップルは、水道管が破裂して配管工を呼んだとき、自分たちが鉛で汚染された水を飲み続けていたと知らされた。それで古い水道管とタンクを撤去してもらったところ、問題はなくなった。カップルによっては、「不妊」だったのは別れてそれぞれ新しいパートナーを見つけるまで、という場合もある――突然どちらにも子どもが授かったのだ。

またもヘレンとロブの名を診察リストに見つけたのは、たった二カ月後のことだった。席を立って待合室にいるふたりを呼びながら、気が変わって三度めの体外受精を受けるお金を工面してきたのかな、と思う。

いつものふたりなら、待合室の入口で呼ぶと、うなずいて荷物をもち、粛々と立ち上がっていた。が、今回はようすが違う。こちらを見上げたヘレンが顔を輝かせる。診察室まで数歩だが、ヘレンの最後の二歩はスキップだ。「なんで来たか当ててみて」まだ腰かけないうちに言う。「――妊娠したの！」実験室の力もカウンセリングの力も借りず、ふたりは自分たちでエロスとロゴスのちょうどいいバランスを見つけたのだった。

15 子宮

生と死をまたぐところ

定めの鍵を握る彼が指圧し、受け取り、抱き上げるのがぼくには見える、
ぼくは無類にしなやかなドアの敷居のそばに寄りかかり、
現われ出るさま、脱け出して安堵するさまに目をとめる。
——ウォルト・ホイットマン「ぼく自身の歌」[1]

テレビのほうが暖炉より場所をとっていたが、誰も観ていない。二管式の電気ストーブが、マントルピースの陰の暗いくぼみで輝いている。ペキニーズ犬を象《かたど》った磁器の灰皿は吸殻で溢れ、一本はカーペットに落ちている。部屋の入口と患者の安楽椅子を結ぶ線上は、カーペットが擦り切れて薄くなっている。べたつくのは、食べ物をこぼした上をスリッパで踏み慣らしているからだ。ソファの幅は部屋より広いほどで、男と女がひとりずつ座っている——患者の息子と娘だ。ふたりとも脚を広げざるをえない、たるんだ腹の肉の落ち着き先をつくるために。息子がこちらに気づいて立ち上がる、両手が震えている。

「血が止まらなくて、先生、下のほうからなんですが……」

車を停めて雨のなかへ降りる前に、救急サービス用のノートパソコンを開いて、ハリエット・スタフォードの病歴には目を通していた。現代西洋医学のおかげでいまや耐え忍びうるようになった合併症の

手引きでも読むようだ、それは気腫、冠動脈性心疾患、高血圧性疾患、糖尿病から始まる――高齢化社会の大災厄の四大騎手だ。そのお決まりの四つに続いて気になる病名が二つ。「多発梗塞性認知症」が説明するのは、近づいても心ここにあらずのままこちらを見つめるようす、「子宮体がん――根治不能」が出血だ――彼女は子宮のがんのせいで出血していた。リストの下に家庭医からの依頼があった。「可能ならば入院は避けるべし」

「こんばんは、医者のフランシスです。具合はいかがですか?」スタフォード夫人の目がぎくりとして、認知症患者特有の狼狽の色を浮かべる――自分が的外れな返事をしたり愚かなことをしでかすのではと不安なのだ。脳内が目に浮かぶ、同じ回路の使いすぎで足許のカーペットさながらに擦り切れている。会話の機会ならいくらでもありそうなものだが、二言三言、反射的に受け答えるだけになった。認知症患者のなかに、言葉を話しだす以前の状態に退行する人びとはいる。幼い子どものように、言葉の意味ではなく声音や口調で、相手を信じたり疑ったりするようになる。

「いいです、はい、とっても」彼女は答えながらこちらを見上げて笑みを浮かべ、やや緊張の鎧《よろい》を解く。わたしはその手をとってそっと握る。冷たくじっとり湿っている、脈は弱く早い。「もう安心ですよ」わたしは言う。指の腹で彼女の腕に触れていく。肩まで冷たい――失血が多すぎるため、からだに残っている血液量では手脚が温まらないのだ。顔は蠟燭《ろうそく》のように白く、もう透けるかのようだ。白目にも血の気はない。

「ナプキンを替えたのは三〇分前なんですが」息子が言う。「がんですし……あとからあとから血が出てきて」。赤面しながら二つも禁句――がんと不正出血――を見知らぬ男に言う。

「診せていただかないことには。どこか横になってもらえるところは？」玄関を入ったところに小さな寝室が用意してあった――夫人はもう自室まで階段を昇れないのだ。息子と娘が手を貸して椅子から立ち上がらせ、赤ん坊を歩かせるように両側から腕をとり、半ば支え半ば押すようにする。「大丈夫よ、母さん、大丈夫だから」娘が、むずかる子どもをあやす親のようにささやきかけ、やすやすと夫人を抱え上げてベッドに降ろす。

彼女はまっすぐ仰向けになり、わたしはそのナイトガウンを緩める。わたしがだれなのか見当はつかないが、医者というものの記憶、それに白いシャツにネクタイという出で立ちに、心中なにか応じるものがあって、こんなふうに服を脱がされるときには不快に感じなくていい、そう納得している。血圧は低すぎて測定するのもやっとだ。「痛みは？」できるだけやさしい言葉に努めながら尋ねる。彼女は顔をしかめてみせ、自分の妊娠線のところを何度もさすする。ふいにこの息子と娘がかつて彼女の子宮のなかにいたことが信じ難くなる。その子宮が、このふたりの命を育み、自らの死を急かしていることが。

パジャマのズボンを下ろすと、ナプキンの血だまりが目に入る、暗紅色をした滑らかな凝血塊だ。

ドクターバッグのなかに並んだ瓶からモルヒネを取り出し、腹に皮下注射を打つ。そこから数インチのところに腫瘍があり、子宮を徐々に蝕み、腹部の臓器を硬くし、生命を奪いつつある、静脈という静脈を切り開いたのと同じくらい確実に。見る間に彼女は目を閉じてまどろみだす。枕許の壁にはキリストのポスターが貼ってある、心臓から血を流し、ハリウッド映画らしい髭を蓄えている。大量のビデオテープが壁際の床に積み上げられている。開いたままの大きめのバッグに、妊婦の出産準備品のように、制汗パウダーやら煙草やら替えの寝間着やらが入っている。「入院になってもいいようにしてあるんです」息子が説明する。

「別室ででもお話ししましょうか」

ふたりがうなずき、われわれはさっきの居間に戻る、ベッドに横になったスタフォード夫人を残して。

「お会いするのは初めてですし、お母さまにもお目にかかったばかりですが、カルテを拝見してがんのことは存じています。そのがんに出血が見られるわけですね」

「はい」娘が答えてうなずく。「余命数週間と言われまして、それが数カ月前のことです」

「ずいぶん失血なさっていますし、二つに一つということでしょう。入院していただいて輸血をするか、このままお家にいらしてようすを見るか……」

息子と娘は顔を見合わせ、ふと息子が目を逸らして窓のほうを見る。

「……ご入院ということでしたら出血は止まりますし、もち直すことになるかと。でなければ出血が続いて衰弱が進むことになるでしょう」

「どれくらいもちますか?」娘が尋ねる。

「断言はできませんが……」躊躇われたが、相手の目を見て答える。「今夜いっぱいでしょう」

「もうこのままでお願いします」娘がきっぱり言う。

「わかりました」わたしは答え、しばし黙る。「三、四時間で戻ります、そのときまた診せていただきますね」

それからベッド脇にあった地区看護師のフォルダーに所見を書きこみ、娘が夫人のナプキンを替えるのを手伝う。下着を穿かせていると、替えたばかりのナプキンがもう血に赤く染まりだしていた。

戻れたのは午前三時を回ってからだ。玄関まで孫娘が迎えに出てくるが、慌てていて躓《つまず》いて前のめりになり、ドアの嵌めガラスに頭をぶつける。「もう神父さまが」息を弾ませながらドアを開けてくれる。身重だ。

寝室の前で足を止め、バッグを抱えたまま、自分は危篤の場で神父に見せられるほど厳粛で敬虔な表情をしているだろうか、と思う。一抹の罪悪感に駆られる、自分が発した警告――「今夜いっぱいでしょう」――のせいで、この悪天のなか彼を呼びだすことになったのだから。部屋には一〇人、そこに神父もいた。四〇代後半から五〇代前半、背の高い恰幅のよい男だ――子どものころ教区民よりいいものを食べていたのだ。ベッドの足許からこちらに会釈する。ドアロから見てとるに、スタフォード夫人はすでに聖餐式でキリストの血を飲み、聖体を拝領し終えたようで、いまは重ねた枕にからだを預けている。

ドアのすぐ脇で待つことにする。背後のソファの上に、わたしが書きこんだフォルダーが広げたまま置いてあった。家族全員が経過を追っていたのだ、茶葉の行方にでも未来を託すように。祈りが続く、一〇分、一五分、まだ続く。やっと動きがあり、ひとりずつスタフォード夫人の息子が、娘が、孫娘が、ほかの孫たちが、部屋から出てくる。「こんばんは、神父さん」出てきた神父に、すれ違いざま声をかける。

「こんばんは、先生」神父はさっと儀礼的な笑みを浮かべ、わたしの肩を叩く。「ご足労です」。「神父さんこそ」返したときには、もう姿がない。

寝室に入る。スタフォード夫人が目を開け、わたしはその手をとりながら、彼女には自分はまるで見覚えがないかもしれないと思う。「またお会いしましたね」そう言う、「医者ですよ」。彼女はわかったと言うように小さく呻き、また目を閉じて頭を枕に戻す。今回は脈がさらに早くなっており、血圧はもう測りようがない。手脚は相変わらず冷たい。「寒気がするって言うんです」娘が言葉を補う、背後の居間から入ってきたのだ。「電気毛布をかけてやったんですけれど……」

またナイトガウンを解いて腹をそっと押す。彼女は低い声を出して唸り、わたしはまたモルヒネの瓶を取り出して腹部に皮下注射を打つ。「ナプキンはまだ何度も替えるようですか?」肩越しに娘を見て尋ねる。

「はい、先生がいらしてから二回は。でもましになってきたかもしれません」。パジャマのズボンのウエストを引っぱって中を覗き、血塊がヒルのように滑り出るのを見る。

「わたしがシフトのうちにまた来ます、朝ごはん時くらいに」わたしは言う。「少し睡眠をおとりください」

スタフォード夫人の家に戻ったのはちょうど八時前だ。ゴミ収集車が来ており、雨は小降りになっている。玄関に応答があるまでしばらくかかる。

「あの、まだ息がありまして」開口一番そう言いながら、娘がドア脇に下がってわたしを通す。「でももう息しか」。座って大きく張った自分の腹を撫でていた孫娘が言い足す。「先生が帰られてからは、声も出してないです」

息子はソファで、いびきをかいて寝ている。スリッパがペキニーズ犬の灰皿のそばにきちんと揃えてある。テレビは相変わらず点いたままだが、音が消してある。寝室のドアを押すのはその日もう三度めだ。夫人の呼吸は深く安定していたが、窓から自然光が降り注いでいるいま、顔からはさらに血の気が引いたようだ。「出血は止まりましたか?」わたしは尋ねる。「つまり、ナプキンはまだ替えるようですか?」

「あのあとは、一回だけ」孫娘が言う、「そのあとは替えるほどでもないです。それっていいことですか?」

「場合によります」わたしは言う。

脈がさらに弱くなっている——ほとんど触れないほどだ。呼吸は深く、荒く、間隔が空く。目は半開きで、口角に溜まった唾液が乾いて灰色になっている。小じわが薄くなってきたようで、蠟のような色だった皮膚が、どこか古い羊皮紙のように黄色ずんでくる。立ったまま夫人の手首を手にとって、脈をとっていたら、長く音を立てて息が吐かれ、沈黙が降りる。そのままでいる、畏敬の念から、そして自分の腕時計を見て数えだす。一分が経つ、二分。

「そうなんですね?」娘が尋ねる。

「ええ」答える。「お迎えです」

娘はすすり泣き始めたが、声は立てず、肩の震えと椅子の揺れでそうとわかった。その肩に腕を回して、その娘が抱き寄せた。

16 胞衣　食べる、燃やす、木の下に埋める

慣習の力はこのようなもので、私にはピンダロスが「慣習《ノモス》こそ万象の王」と歌ったのは正しいと思われる。
——ヘロドトス『歴史』〔1〕

見た感じ、へその緒は海から来たもののようだ。オパール色で、クラゲの触手か昆布の茎のように弾力がある。外形は、血管三本が三重らせんを成しながらねじれたものだ。一本の静脈のまわりに、対になった動脈が巻きついている。この紫色がかった血管三本は、灰色がかったゼリー状の物質のなかを通っている。この物質がほかにからだのなかで使われている場所は一カ所しかない。目に屈折力を与えている液体の成分だ。へその緒は軟弱で繊細には見えるが、意外と屈強にできている。九カ月のあいだ赤ちゃんの命を繋がなければならないのだから。

しわくちゃの顔をしてこぶしを握りしめた女の子は、とり上げたばかりでもう産声をあげている。タオルで拭いてやって、母親の腰より低いところに一瞬だけ降ろす。胎盤がまだ母親の体内にあるからだ——生まれたてのうちは、胎盤から赤ちゃんのからだに血液が流れるようにしたかったのだ。へその緒

に指で触れると、脈打つのを感じる。赤ちゃんの小さな心臓が、捕らわれた蛾のようにはためいている証拠だ。「何も問題ないですか?」父親が訊く。寝ていないのと、妻の産みの苦しみを目の当たりにしたのとで、面食らったような顔をしている。

「順調です」とわたし、「まったくもって順調です」。へその緒に触れたまま赤ちゃんを見ていると、脈が弱くなってきて止まる——外気の涼しさに、そして自分の血中酸素量が上がったのに反応して、自力で呼吸を始めたのだ。肝臓の内側や心臓のまわりでは、時を同じくして血管が塞がっていく。そういう血管は「分路《シャント》」で、子宮で過ごしているあいだに、発達途中の肺と肝臓のまわりに迂回してきたものだ。肺に血液を運んでは出ていく血管のうち、そのほかのものは、このとき同時に開いてくる——血液にどっと酸素が入ってきて赤くなるのは、このためだ。心臓の穴は、子宮にいるあいだの血液循環に必要なものだが、これも閉じてくる。臍《さい》動脈も塞がってきて、体内の奥深いところから外へ向かってだんだん細くなってくる。この連動して起こる変化の結果、青みがかった蠟《ろう》のような顔がピンク色に染まってくる。へその緒は、脈打たなくなったら、プラスチックのクリップで留める。

助産師が、繰り返しの滅菌処理で傷がついて切れにくくなったハサミを渡してくれ、またもやわたしは、ずいぶん脆く見えるへその緒が切りにくいのに驚く。太い綱にでも切りこむようにしなければならない。赤ちゃんを産みやすいよう四つん這いになっていた母親は、お子さんを抱かせてあげようとするとからだを起こして仰向けになり、胸に赤ちゃんを引き寄せて驚きで息を飲んでいる。母親と父親と赤ちゃんが三人だけの世界に浸り、助産師とわたしは蚊帳の外に置かれる。が、まだ終わっていない。

お産の「第三段階《ステージ》」を予期していない人は多いが、赤ちゃんの誕生をもって出産という劇《ステージ》に幕が降

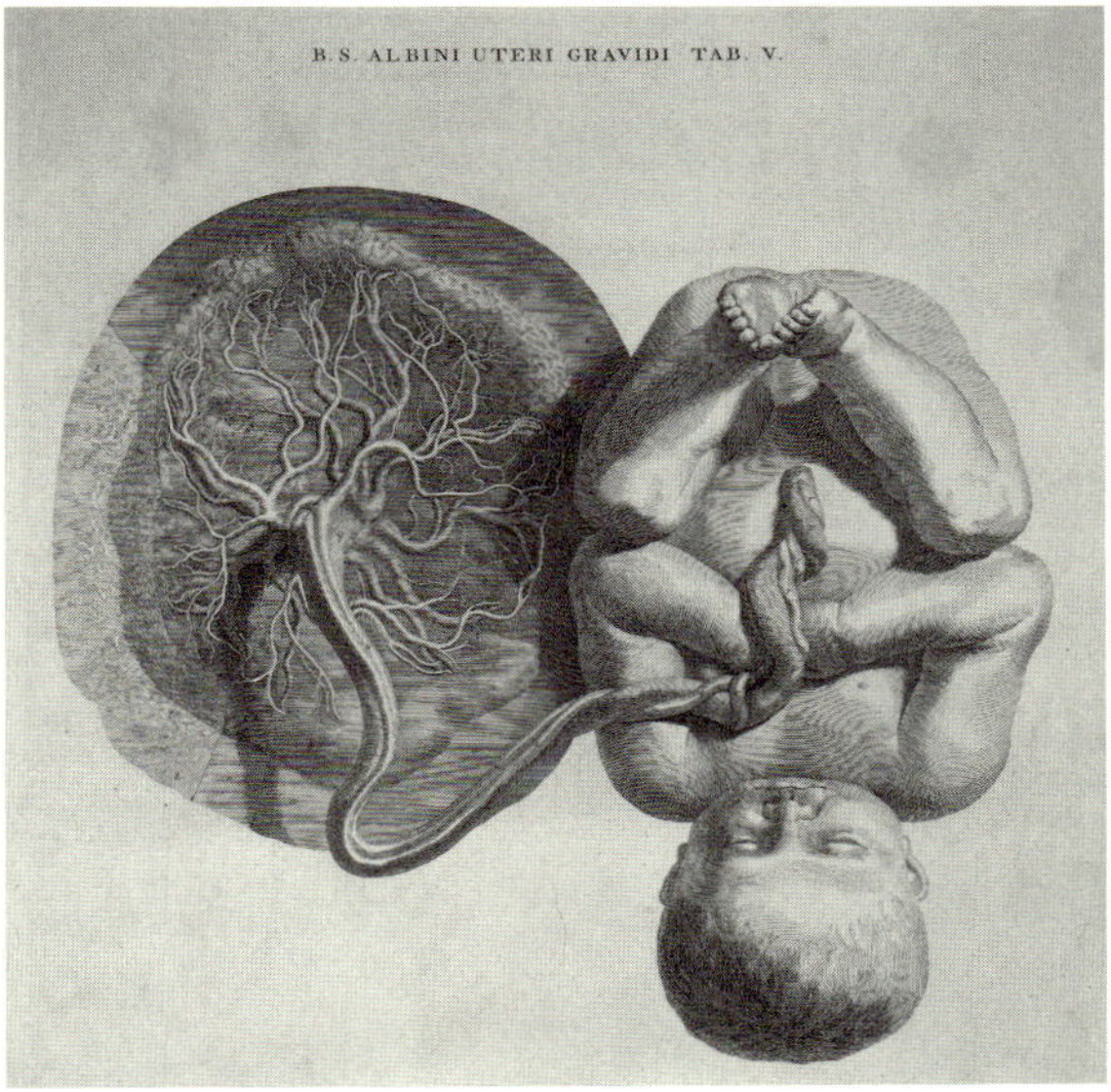

りるわけではない。ホルモンと化学物質が激変するので、胎盤が子宮内膜から剥ぎ取られていくのだ。陣痛が起こるのが遅すぎると、子宮のその剥がれた面から出血が続くことがある――「分娩後出血」だ。やさしく、でもしっかりと、母親の緩んだ腹部を押して、子宮がちゃんと収縮しているか確かめる。大丈夫だ。

ステンレスのトングで、母親側のへその緒をそっとたぐり寄せる。赤ちゃんはもう母親の胸にいる。おっぱいが吸われると母乳の分泌を早めるホルモンが働くのだが、それが子宮を収縮させもする。トングをひねると、へその緒のステンレスに触れているところがひるんだようになる――中の動脈と静脈には、元気に脈打っていたときの気配しか残っていない。引っぱるとへその緒がふいに広がるようすは、ちょうど木の幹が大地に根を張るところのようだ。「胞衣《えな》」[2]が、紫色の血塊が、母親のからだからベッドの上に滑り出てくる。

重く――五〇〇グラムを超える――ほぼ円形で、厚みは二、三センチ。妊娠初期から、酸素、糖、栄養分を胎児に送り届け、二酸化炭素、尿素といった副産物を逆に母親のほうへと戻してきた。この瞠目すべき交換を行う脈圧は、赤ちゃんの心臓が起こしてきた。母親の血液と赤ちゃんの血液は混じらないのだが、それぞれの毛細血管が密に接しているようすは、無数の小さな手が、胎盤という分水嶺でしっかりと指を絡ませ合っているようだ。レオナルド・ダ・ヴィンチがこの特徴に気づいたのは、五〇〇年以上前、まだ多くの人が、胎児は母親の経血を摂取して育つと思っていた時代だ。ダ・ヴィンチによる胎盤の素描は、当時の人びとが見慣れていた羊の胞衣に背くものだった。彼が見て描いたのは、亡くなった妊婦一人だけだった、と考えられる。ダ・ヴィンチに限った話ではない。何世紀ものあいだヨーロッパの男性たちは、羊の胎盤ばかりに詳しくて、自分の子どもたちの胎盤についてはそうでもなかったのだ。胎盤の膜組織を指す「羊膜」という術語さえ、ラテン語の「子羊」から来ている。[3]

人体を構成するもののほとんどは頑強にできていて、四〇年や五〇年はもってからやっと衰えだすが、八、九カ月しか永らえる必要がないものには、人間の組織の脆弱ぶりが表れる。弾力がなくなって灰色がかった胎盤を見たことがあるが、それは有毒なものにさらされてきた結果だったり、これでもかというほどたっぷりの油で揚げるスコットランドの食習慣のせいだったりする。何よりよくないのはヘヴィスモーカーの胎盤で、あちこちに結節が固まってついており、結石のように黄ばんで硬くなっている。

今回のお産の胎盤はきれいで、それをわたしはステンレスのトレーに広げる。クモの巣のチュールのような卵膜の残りが、溶けて胎盤に同化しているが、裂けたところはどこにもない。「卵膜、異常なし」

助産師にそう言い、胎盤をへその緒のそばに並べ、そろそろともち上げてプラスチックのバケツに入れる。ペンキの缶の蓋を閉めるように、そのバケツにオレンジ色の蓋をしてから、産科棟の医療廃棄物処理室へ運んでいく。あの赤ちゃんの世界の中心にあって、命を繋ぎ育むのに欠かせない存在だったのに、いまやだれのものともわからないその日の胎盤とへその緒の山にまぎれ、明日遅くには病院の煙突の下にある炉で燃やされることになる。朝には赤ちゃんに栄養を送っていたものが、明日には煙となって街を漂うことになるのだ。

ギリシャ語の「オムパロス omphalos」は、ラテン語の「へそ umbilicus」と同じ語源をもつ。どちらにも、からだか世界の中心という意味がある。ギリシャ人はオムパロス、すなわちデルポイの神殿にある石を、地球の地理上の中心だと考えていた。人びとがデルポイを目指して巡礼していた古代に、ギリシャ人の旅行家で歴史家でもあるヘロドトスは、場所が変われば違う習慣があると述べていた。

次に記すことはそのよい例といえよう。ダレイオスがその治世中、側近のギリシア人を呼んで、どれほどの金を貰ったら、死んだ父親の肉を食う気になるか、と訊ねたことがあった。ギリシア人は、どれほど金を貰っても、そのようなことはせぬといった。するとダレイオスは、今度はカッラティアイ人と呼ばれ両親の肉を食う習慣をもつインドの部族を呼び、先のギリシア人を立ち会わせ、通弁を通じて彼らにも対話の内容が理解できるようにしておいて、どれほどの金を貰えば死んだ父親を火葬にすることを承知するか、とそのインド人に訊ねた。するとカッラティアイ人たちは大声をあげて、王に口を慎んで貰いたいといった。[1]

ヘロドトスにとっては慣習こそがすべてだったが、過去二〇年間の西洋での習慣としては、胎盤は汚れた包帯や病んだ臓器や使用済みの針といっしょに、病院の焼却炉で燃やすものだった。

ダレイオスの側近のギリシャ人たちが、自分の父親を食べると思っただけで慄《おのの》いたように、そしてインドのカッラティアイ人たちが、親を食べないなどという不敬なことに慄いたように、胎盤を食べるという習慣は、食べる側の感情も食べない側の感情も、激しく揺さぶる。胎盤は、プロゲステロンという妊娠を維持するホルモンの豊かな供給源で、母体のプロゲステロン分泌が急停止すると、誘引しかねないのが「マタニティ・ブルー」だ――出産後に気分が動揺することで、そのまま産後うつ病になることも珍しくない。胞衣を食べるのは、肉食動物にはよくある習性で、チンパンジーといった雑食動物――わたしたちにいちばん近い親戚――にもよく見られる。そうするのは、栄養をつけるだけでなく、疲労困憊している母体を、プロゲステロン値の高い状態から低い状態へと穏やかに向かわせるためでもあるようだ。

旧約聖書に、胞衣に触れているところが一カ所だけあって、タブーを冒す話だ。申命記二八章五七節で、町が包囲されて困窮したある女性が、ふつうは禁じられている胎盤食を許されている。とはいえ、地中海沿岸地方のほかの文化には、母親になった女性に胞衣を食べさせる慣わしがいくつもあり、それが母乳の出をよくし、子宮が縮んでいってふだんの大きさに戻るさいの後陣痛《あとじんつう》も軽くするとされていた。

モロッコからモラヴィア、ジャワまで、女性たちは子宝に恵まれるよう、自分のであれ他人のであれ胎盤を食べてきたが、ハンガリーでは、子宝に恵まれないよう、ひそかに男性に燃やした胎盤の灰を飲ませていた[2]（あながちばかげた話でもなくて、女性ホルモンは女性を妊娠しやすくするが、男性が摂取した場合は精子の生成を抑えもする)。七世紀ごろ、唐代の中国には、女の子がぶじに生まれると、そのときの胎盤には魔力が宿って若い娘に化ける、という説もあった。*

脊椎動物のいちばん古い祖先の卵子は、進化して海水を浴びながら育つようになり、さらに子宮が発達して羊水に満たされるようになって、わたしたち哺乳類は体内に海をもつに至った。子宮のなかの卵膜が海と深い関係をもつことは、大昔から認められていたようだ。卵膜は、しばしば水難から護ってくれるものと考えられた。ブリテン諸島の文化では、卵膜に包まれたまま生まれてきた赤ちゃんは、屈強な泳ぎ手になる運命《さだめ》で、幸運をもっているとされた。チャールズ・ディケンズの自伝的小説『デイヴィッド・コパフィールド』は、主人公を包んでいた卵膜[4]が、まさにその理由で最高額を示した人に売りに出されるという、読者を攪乱するような顛末から始まる。

生まれてきたときに、ぼくは大網膜をかぶって出てきたそうだが、そこで、十五ギニーという安値でこれを売りに出す新聞広告を出したのだという。その頃、船乗りがあいにくと金に事欠いていたのか、それとも信心を欠いていてコルク入り救命チョッキの方がいいと考えたのか、そこは分からないけれども、分かっているのは、申し込み希望はたったの一件。[3]

はるか遠く日本やアイスランドでは、胎盤を処理する昔ながらの方法は、木の下ではなく家の下に埋める、というものだった。日本では、陰陽師がどこに埋めるか決め[5]、アイスランドでは、母親がその日

* 『萬法帰宗《ばんぽうきそう》』という呪術書による〔唐代の著者名が添えてあるが、じっさいには清代以降の俗信や民間呪法を集めた本〕。

の朝ベッドから起きて踏み出す、最初の一歩が跨ぎそうな場所に埋めたという。中国のある古い書物は、胎盤とへその緒を地中深く埋めて、「ていねいに土をかけ」るよう忠告している。[4]「子供が長命を保つようにしなければならない。もしこれが豚や犬に食べられると、その子は知恵を失ってしまう。昆虫や蟻が食べるとその子は腺病にかかる。烏やカササギが食べるとその子は急死したり変死したりする。もし火中に投ずると、その子はうみの出る腫物にかかる」

ロシア人は昔から胎盤とへその緒を神聖視してきた。[5] キリスト教正教徒は胎盤を、とくに豊饒を司っている童女マリアに奉納してきた。出産後しばらくのあいだ、胞衣は地元の教会の祭壇に置かれるが、これはその影響力で地元の女性たちが子宝に恵まれるようになると信じられていたからだ。胞衣はそのあと埋められていた。

インドネシアには、胎盤と卵膜は海から来ているようだから海に返さねばならない、と考えていた人たちもおり、壺に入れて川に投げこみ、海に戻るようにしていた。これには、胎盤が魔の手に落ちないようにするためもあった（胎盤は子どもの一部で、子どもと同一視されることもあり、切っても切れないという考えだ）。ほかの東南アジアの諸地域では、胎盤のための葬送台を用意し、まわりをオイルランプや果物や花で囲んで川に流す。

文化によっては、胞衣は海との類似ではなく、木との相似で知られてきた。らせん状になったへその緒という幹が、子宮という大地に根を張っているようだからだ。聞くところによると、赤ちゃんを産んでいるあいだに——出産の第二段階で——女性が経験する痛みは、圧痛と、広がっていく会陰に感じる切るような焼けるような痛みとが、うねりとなって交互に押し寄せる、容赦のないものだという。後産

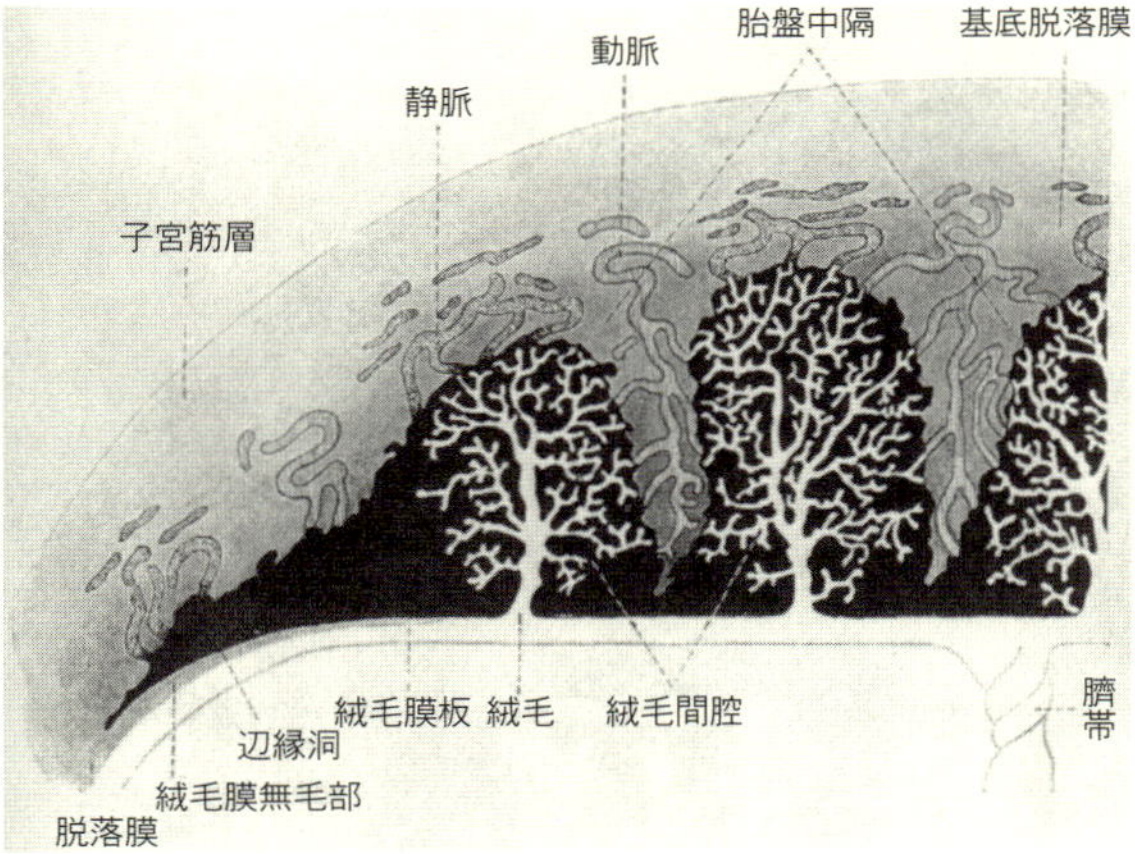

はそれとはずいぶん違う。何かを引き抜かれるような、長いこと埋まっていたものが取れるような、深いところから来る感覚だ。ジェイムズ・フレイザーが著した権威ある文化人類学書『金枝篇』によると、神聖視されたり重要視されている木の下に胎盤を埋める文化は少なからずあり、その木と子どもの繋がりは双方の命のかぎり保たれる。木は子どもにちなんで名を改め、デルポイのオムパロスが世界の中心であるように、その子の世界の中心になる。

わたしたちのほとんどにとって、子どものころの風景は特別な力を保っている。その力が成長に影響し、大人になってからの人生にも及ぶのは、わたしたちに共通する経験だ。西洋ではそんな風景を聖別することはあまりなく、胎盤を埋めもせず、胞衣を土地の豊饒の女神に献じたりもしないのだが、それでもその風景はどこか神聖なものをたたえている。一九七〇年代末に、シェイマス・ヒーニー[6]は、BBCラジオでエッセイ「モスボーン」を朗読し、自身がのびのびと育った農家の庭について述べた。[6] 第一章の章題は「オンファロス」〔オムパロスの英語読み〕で、そこでは子どものころ、家の裏手のポンプが世界の中心だったことが語られる。ヒーニーが育ったデリー地区一帯では、米軍が大演習を行っており、爆撃機が近くの飛行場に向かって低空飛行をしていたが、第二次世界大戦のせいで庭のリズムが乱されることはなかった。爆撃機のうなりが遠ざかると、もっと近くで聞こえるのは、水がバケツのなかに落ちる音だ。オンファロス、オンファロス、オンファロス、と繰り返しているようだ。五軒の家の女性たちが、この一機のポンプから水を汲んでいた。このオンファロスが、ヒーニーの人生《ライフ》の中心にある静謐な地点だ——静かではあるけれど命《ライフ》の泉〔若さの源泉の意〕を満たし、そのまわりに住《リヴ》んでいた人たちみんなの生活《ライフ》を支えていた。ヒーニーの錨がこのポンプに下りていたのだ、ちょうど赤ちゃんが子宮のなかにいる九カ月のあいだ、へその緒という錨がその子に下りているように。

　このラジオ放送で、ヒーニーはポンプだけに思いを馳せるのでは満足しなかった——子どものころの聖なる風景を巡る範囲は広がり、豆畑に行き〔「緑色の蜘蛛の巣、光に葉脈が透ける卵膜」〕[7]、そしてブナの木の叉に、生け垣に、牛小屋の裏の干し草の山に、古い柳の木の洞に行く。柳がヒーニーのお気に入りだった。額を洞のなかにつけて、上のほうで樹冠がそよいでいるのを感じ、柳に抱かれているのと同時に、アトラスが[8]世界を肩に担いだのと同じやりかたで柳を背負っているのを感じる。と、ふいに文の途中で神話が替わり、ヒーニーは、ケルトの神殿の神ケルヌンノスのように、自分の頭に枝分かれした大きな角があるのを思う。その風景は神聖で、オムパロスでも卵膜でもあり、その聖性を表現するには、キリスト教徒、ギリシャ人、ケルトの人びとのどの風習が用いられようともかまわなかった。

食べたり、燃やしたり、筏に乗せて流したり、木の下に埋めたり。僧侶を呼んで家の下に埋めたりもする。最高額を示した人に売ったり、満潮のときに穴に落としたり、邪霊から隠したり。お金をかけたい人のための最新のヘルスケア事情によると、新しい趣向も出てきた。冷温保存するのだ。

へその緒を成しているゼリー状の物質の細胞は、赤ちゃんの細胞と遺伝子上は同じだが、特定の組織には分化していない。この「未分化」細胞は、一本の挿し木から木全体が再生しうるのと同じように、理論上はそこから身体《しんたい》の各部が成長しうるから、「幹細胞」の一種と言える。臍帯血《さいたいけつ》の細胞は、骨髄などの組織に成長する潜在力をもっているし、へその緒のゼリー状物質の細胞は、骨、筋肉、軟骨、脂肪という身体の構成物質と関係がある。

臍帯血冷温保存の宣伝パンフレットには、二種類の写真が載っている。かわいい子どもたちが笑顔で遊んでいるものか、放射線防護服を着た科学者たちが先駆的な仕事に携わっているものだ。保存業者が〝幹細胞を保存しておくのは、のちのち多発性硬化症やパーキンソン病や白血病にならないよう、かけておく保険です〟と喧伝しているわりには、そういった病気を表すような画像はない。幹細胞は、公共のバンクに寄附して人に使ってもらうこともできるし、へその緒ともどもお金を払って民間業者に保存してもらい、自分たちの家族のためだけに使うこともできる。

文化によっては、赤ちゃんの内臓とへその緒の繋がりは、一生涯つづく関係だ。だからこそ、へその緒はつねに敬意をもって扱われなくてはならない。これには冷温保存業者も同意している。民間の臍帯バンクに赤ちゃんのへその緒の保存を依頼するなら、バンク派遣の科学者に、赤ちゃんが生まれるその場に待機してもらい、幹細胞をまだ成長が可能なうちに採取してもらうようにする。すると、クレジットカードの支払いが続くかぎり、赤ちゃんは一生へその緒との繫がりを保ち続ける。英国の国民保健サービスは、もう臍帯血の貯蔵サービスを始めていて、研究のために幹細胞を保存しておくとともに、どんな人が必要としていようが骨髄移植に役立てるよう、調査もしている。この一〇年で、わたしたちは胞衣をゴミといっしょに捨てるところから、そこにほとんど忘れかけていた深い意味を見出し直すまでになったのだ。

大人ひとりを治療できるだけの幹細胞が、果たして民間バンクに供給可能か、については議論があるし、自分で利用するために高いお金を払ってへその緒を保存する行為にも、賛否はある。東アフリカの人なら、自分とへその緒が埋まっている木が繫がっており、自分が特定の土地に根づいているという感覚があるかもしれないが、冷蔵施設を定期的に訪れても、そのおかげで力が湧いたり帰属意識を感じたりはしそうにない。施設自体も検査サンプルを共有しており、自分のへその緒が、自分も自分の子どもも行けない国でまとめて保管されるはめになるかもしれない。とはいえ、少なくとも、蟻や豚や犬やカササギに見つからずにはすむだろう。

下肢

17 腰

ヤコブと天使

彼の腰はチタニウム＝バナジウム、
そこに天使が触れたのだ。
――イアン・バンフォース「非対称的生体構造」

腰は強力な関節だ。突起した骨頭が、骨盤のくぼみのなかにしっかり抱えこまれている。からだのほかのどこよりも厚くて力強い筋肉の層の下にある。その筋肉は大きく四つのグループに分かれ、その四つすべてが歩くのに使われる。二つは腰で最大限に働き、あとの二つは膝にたいして大きな力を及ぼす。一歩を踏み出すさいには無数の調整機能が働いて、筋肉ひとつひとつが、ほかの筋肉すべての強さに拮抗するように力を働かせる。それぞれの動きに、地面の起伏や胴体の動きや、もういっぽうの脚とのバランスと力学が考慮されなければならない。

オーストリア系イタリア人の作家イタロ・ズヴェーヴォの小説に、ゼーノ（パラドックスで知られるギリシャの哲学者ゼノンにちなんでいる）という神経病みの実業家が主人公のものがある。そのなかでゼーノは、しばらくぶりに小学校時代の友人に会う。その友人がリウマチを患って松葉杖をついて歩いている

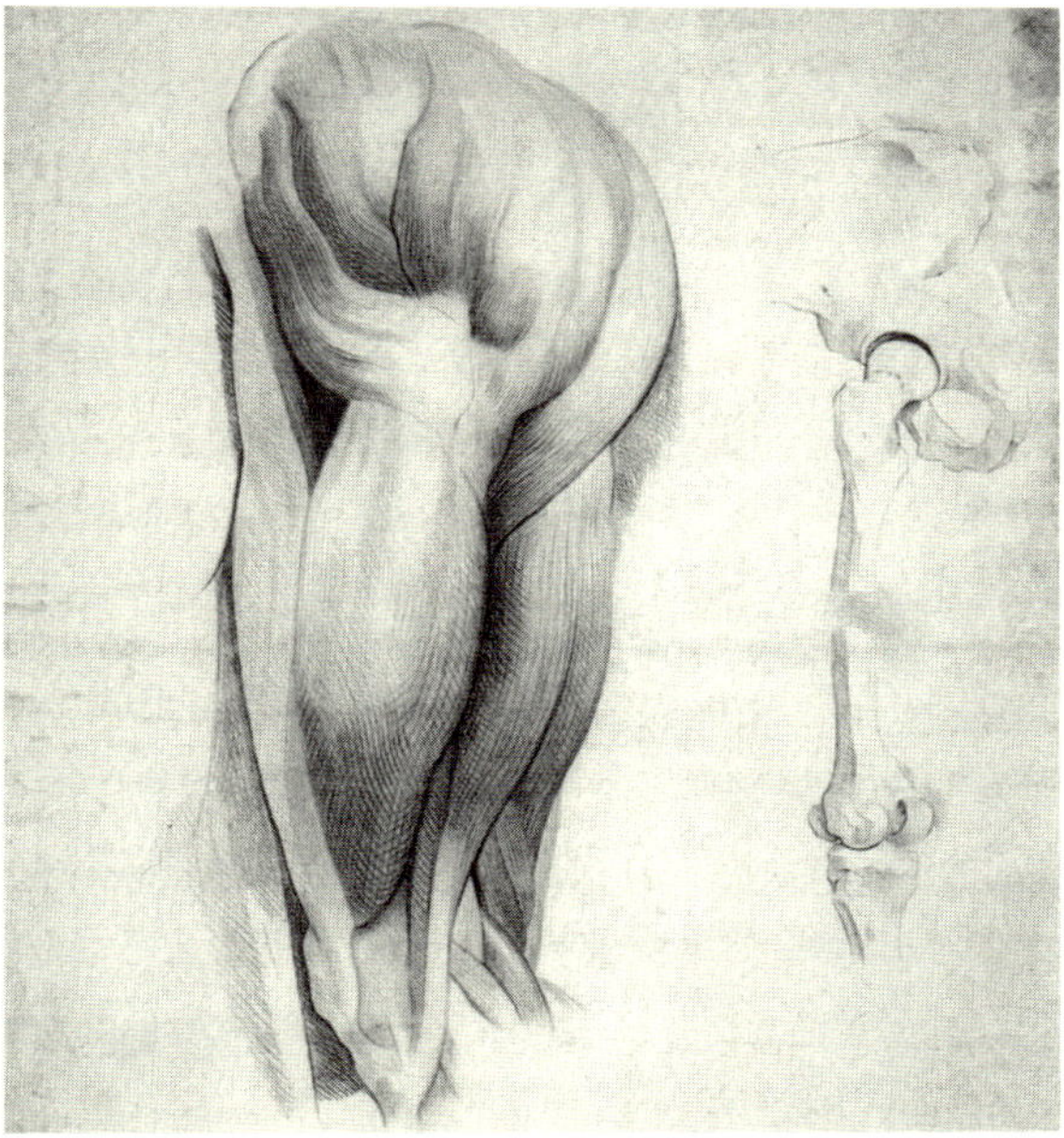

のを見て、ゼーノは驚く。友人は「手足に関する解剖学も学んでいた」とゼーノ[1]。「彼は笑いながら話した。それによると、人間が速足で歩く場合、一歩ごとに要する時間は半秒間を超えず、その間に動く筋肉の数は五十四をくだらないとのことだ」。この自分の脚のなかの「怪物じみた機械」にびっくりしたゼーノの意識は、たちまち内に向き、その動いている五四の筋肉ひとつひとつを感じようとする。が、もてる意識の深いところをもってしても、からだへの理解を深める助けにはならない。かわりにゼーノは、自分の複雑さに戸惑ってしまう。「歩行がつらくなった。軽い痛みさえ感じた」とズヴェーヴォは書く。「今日になっても、五十四の運動はちぐはぐで、何かすると転びそうになるのである」。腰とその動きが

ゼーノの自意識にとって根源的なものになりすぎて、それしか考えられなくなり、そのために身動きがとれなくなったのだ。

腰は万病を引き起こしうる部位で、子どものときはたいしたことではないと思われたことでも、対処しないと一生足を引きずることになりかねない。胎児は、両脚を曲げて膝から下を交差させると、子宮のなかにいちばんうまくおさまる。その格好に腰が曲がっていないと、股関節のくぼみの表面が荒くなり、奥行きも浅くなってしまう（「発育性股関節形成不全」）。さらに、その子が生まれて立つようになると、痛くて歩くのが遅くなる。新生児を診るときは、わたしはかならずこの形成不全の検査をする。まず赤ちゃんの脚をもって、それぞれの膝に自分の手のひらをぴったりとつけ、そのまま指先をその子の両腰にあてがう。膝を左右に押して股関節を広げたり閉じたりすると、かすかにカクンという嫌な音が聞こえることがある。赤ちゃんも親御さんもつらいようなら、治し方は単純だ。脚を大きく広げた状態で動かないようにギプスをして、何カ月かそのままでいるのだ。

生後一、二年経つと、成長期の腰には別の問題が起こりうる。ウィルス性の感染症にかかった子どもは、股関節に水が溜まることがある。すると、足を引きずったり転んだりするようになる。こういった「過敏性股関節」は、手当てをしなくても数週間のうちに落ち着く。子どもが五、六歳になるまでには、さらに別の問題が生じうる。血流障害によって、大腿骨《だいたいこつ》の骨頭が軟化と変性を起こすのだ。これを「骨軟骨炎」といって、男児のほうに女児の四倍多く見られ、しばしば骨の形を修復する必要が生じる。

骨軟骨炎が起こりやすい年齢を過ぎて、一〇代になると、四つめの問題が発現しやすくなる。大腿骨の骨頭と大腿骨それ自体のあいだには、成長板という軟骨があって、そのおかげで腿が伸長していける。

それが剝がれてずれることがあり――「大腿骨頭すべり症」――整形外科で固定してもらわないと、死ぬまで足を引きずることもある。

解剖学を教わった先生が言っていた。進化論が天地創造説より優れているのには証拠があって、それはわたしたちの出来に不手際が多すぎることだ――人体はもっとましに設計できた、と。わたしたちの腰に出るつらい症状の多くは、血液供給が乏しいことに起因している。からだには、じっさいに必要な量以上の血液が供給されているところがたくさんある――胃、手、頭皮あるいは膝に通じる動脈を遮断したところで、たいしたことはない。ところが、腰はずっと脆弱にできている。目や脳や心臓とも共通するが、血液供給がすぐに遮られてしまうのだ。脳に通じる血液が遮断されると脳卒中を起こし、目の場合は失明に至り、心臓の場合は心臓発作になる。腰に向かう血液が失われると大惨事になる――命を落とすことさえある。

七五歳を過ぎた人が転んで腰を強く打ったら、だいたい一〇回に一回は腰骨が折れることになる。[2] 腰骨にひびが入ると、脚の骨の付け根への血液供給が途切れることが多く、すると付け根部分の骨頭が壊死する。こういった損傷は修復が利かない。唯一の解決法は、その股関節を切除して、人工関節に取り替えることだ。体力のない高齢の男女は、ただでさえずいぶん弱ってきたからこそ転びやすくなったわけだし、かなりの場合、そんな大きな手術からは回復するのも大変になる。四〇パーセント程度の人は、転倒のせいで介護施設に入ることになり、二〇パーセントの人はそのまま歩けなくなる。[3] 五から八パーセントの人は、転倒から三カ月以内に亡くなる。[4]

腰は、人間としてわたしたちが内に秘めている生命力を象徴しうる。チベットの仏教徒は、死を思い起こせるように大腿骨から笛をつくるし、旧約聖書の創世記では、股関節が人間の生命力の源のひとつとして扱われている。アブラハムの孫、ヤコブは、兄のエサウを騙して長子の権利を放棄させる。この兄弟は双子で、ふたりの諍いはこれが初めてではない。創世記中の少し前に、ヤコブは生まれてくるとき兄の踵《かかと》を摑んでいた、とある（ヤコブ（ヤーカヴ Yaakov）という名は、ヘブライ語の「踵《アーカヴ》 akev」と関係がある）[5]。

股関節の話は、ヤコブがエサウに贈りものをしてなだめようと、何百頭もの動物を選ぶところから始まる。動物たちを兄に贈る前に、ヤコブは天使らしき姿の者から攻撃を受け、ふたりはへとへとになるまで取っ組み合う。『ゾーハル』は、ユダヤ教の神秘主義思想、つまりカバラの根本教典で、旧約聖書の最初の五書《トーラー》についての註解書になっているが、そこには、攻撃をしかけた者は人間のよくない面の象徴で、ヤコブとその者との格闘は、清く徳の高い人生を必死に生きるさまを意味する寓話だ、とある。ふたりは「夜が明けてしまう〔1〕」まで闘い、ヤコブは相手から祝福を受けようとする。まともにかかっていたのではヤコブに敵わないと悟った相手は、むりやり闘いを終わらせるべく、ヤコブの股関節を外し、一生足を引きずるようにさせて、天使と勝負して勝ちかけた夜を思い出させるようにする。その章は、新しくイスラエルという名をもらったヤコブが、「神の顔」を見たと言ったこと、以来イスラエルの人びとは、動物の股関節の上にある「筋」を食べるのを禁じられたことの説明とともに終わる。「かの人がヤコブの腿の関節、つまり腰の筋のところを打ったからである」

ラビ〔ユダヤ教の指導者〕やユダヤ学者のあいだでは、この話の正確な意義について意見が分かれてい

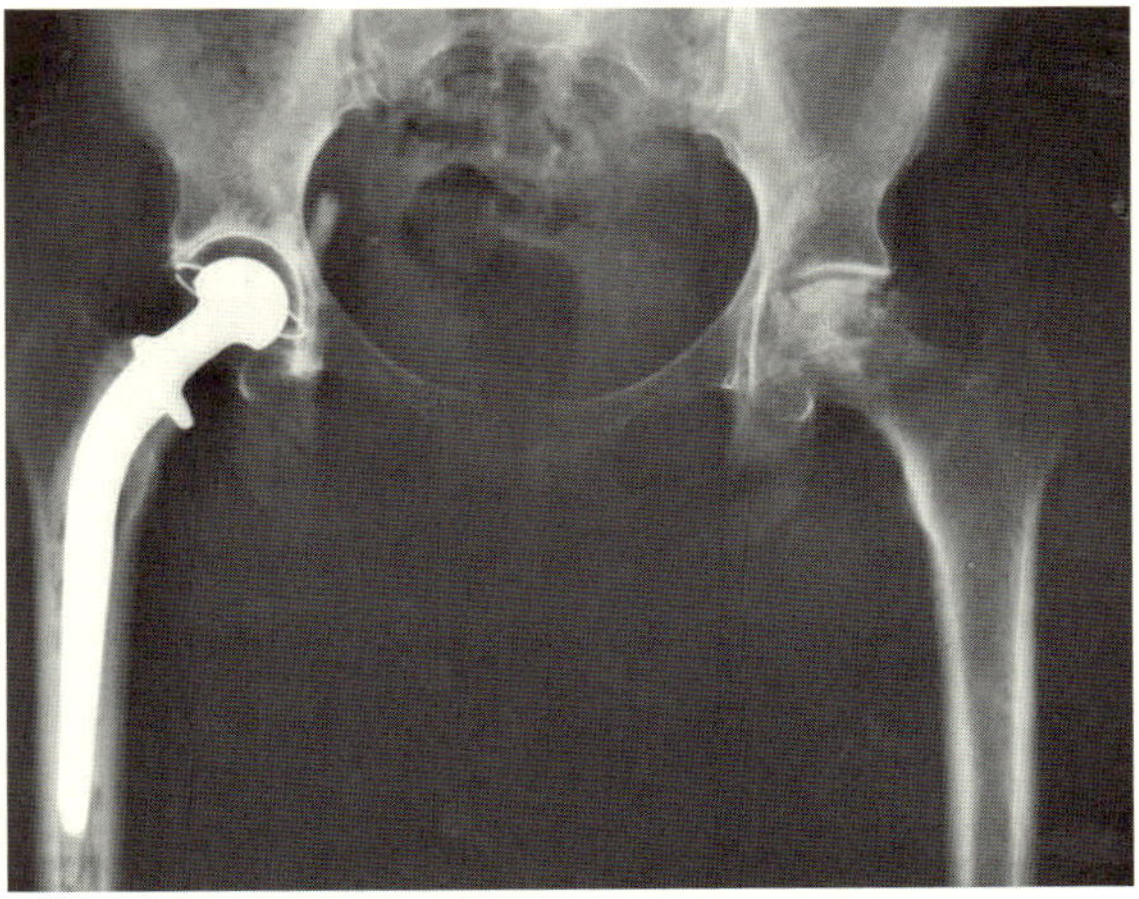

る。ある意見は、アブラハムやヤコブのころの古代セム系文化[2]では、腰と腿は性的エネルギーと創造力の貯蔵庫だった、とする。旧約聖書で「腿 yarech」となっているセム語族[3]は、男性なら陰嚢、女性なら外陰部にかかる内腿の曲線を指す――あるユダヤ学者に尋ねたところ、おそらくは「股間」と訳したほうがいいだろうとのことだった。同じ語は、ヨナ書では船底を表すのに使われており、創世記二四章では、アブラハムが僕《しもべ》に、手をアブラハムの内股に入れて誓いを立てるように言う場面で登場する――睾丸《テスティス》によって宣誓するという当時の慣習に言及している場面だ（だから「宣言する《テスティファイ》」という語ができた）。この見地に立つなら、天使は、ヤコブの股間と腰に触れることで、国を丸ごとひとつ生み出すような力と権威を授けたことになる。

　この意見に対抗する神学的立場もあり、そちらの見解は、ヤコブがその後、足を引きずるようになったことこそがこの寓話では最重要だ、とする。その負傷は、ユダヤ民族は独立を試みるべきではない、という注意喚起だというのだ。ヤコブは天使と闘おうとし、人間であるがゆえに敗北を喫した。足を引きずることは、ヤコブに捺《お》された、傷つきやすく命に限りがあるという烙印で、わたしたちもみな同じだ。この見地に立つなら、ユダヤの人びとの強靱さと発展は、神がわたしたちの失墜も繁栄も、生き死にも決めるのだ、と認識するかどうかにかかっている。

わたしが初めて経験した病院の当直業務は、五四時間シフトで整形外科を受けもつものだった。それまで二四時間さえ寝ずに過ごしたことがなく、その二四時間を思い出してみても、靄《もや》がかかり、幻がかかり、意識は朦朧《もうろう》とし、気は動転していたものだった。医学部を卒業する二週間前にゴールドメダルを授与されて、「優等医学士および外科学士」の賞状を受け取ったが、ゴールドメダルだろうがなんだろうが、まだ自分にやらねばならないことが山ほどあるのは瞭然だった。

人びとはたちまち診断名で呼ばれるようになっていく。わたしは足首を診てはひびを認め、手首を診ては骨折を認め、肩を診ては脱臼を認め、背骨を診ては粉砕を認めていく――患者さんそれぞれは、用紙に必要事項を書きこみ、X線写真を撮ってもらい、血液検査をしてもらわないといけないし、もし手術が必要なら、わたしがそのリスクを患者さんに説明し、承知した旨の説明同意書に署名してもらうことになっていた。と同時に、検査や処置の必要な患者さんたちでいっぱいのエリアが二つもあって、処方が必要な薬剤や静脈内輸液が何百何千とあって、手術室での助手が必要な上司までいた。

そこで人生で初めて診た患者さんのひとりがレイチェル・ラバノヴスカで、当時のわたしにとって使いたてのほやほやだった術語に従えば「大腿骨頸部骨折」だった。人間味のある言い方をするなら、八四歳のご婦人が、それまでずっと独りで快適に暮らしていて、身の回りのことはなんでも自分でしていたのに、金属の歩行器の助けを借りなければならなくなった、ということだ。数年前にラバノヴスカさんは転倒して、左側の股関節を骨折したが、合金の人工骨に取り替えたおかげで、なんとか自由で自立した暮らしを続けられてきた。ところが、数日前に肺の感染症にかかって——娘さんが咳に気づいた——かかりつけの医者が抗生物質を処方した。その薬があまり効かず、熱が出てきて意識が朦朧としていたラバノヴスカさんは、歩行器につまずいて転び、もう一方の股関節まで骨折してしまった。そのままキッチンの床に一八時間も倒れていたラバノヴスカさんは、娘さんに発見されるが、わたしが診るまでには低体温症で死に瀕していた。

ストレッチャーに横になったラバノヴスカさんは骨と皮ばかりに痩せ、幻覚を起こして空中に手を挙げ、指一本一本を魔法の杖のように振っていた。右脚は本来あったはずの長さより短くなっていて、膝は外側に向いてしまっている。教科書に従うなら「下肢短縮および外旋」だ。ラバノヴスカさんの腕から血を拭おうとすると、夢見るようなようすは消え失せ、わたしに深く爪を立てて、はらわたを引き抜かれでもするような悲鳴を上げる。血液を採取するのに、押さえつけねばならなかった。そうしたのは、まだ体温が低すぎて危険だったので、鎮静剤で落ち着いてもらうためで、こちらで温風を送りこんでおいたエアブランケットのなかにいてもらうためもあった。

ラバノヴスカさんはたいへんなパラドックスに囚われていた。骨折箇所を取り替える手術をしないと、肺炎で命を落としかねないのだが、肺が感染症にかかっているがために、手術に耐えうるだけの体力がないのだ。わたしは娘さんを脇に連れていって、そう説明した。希望や恐怖や不安が、雲で陽が陰るように、娘さんの顔に去来する。

「それが何か？　母は勇ましい女性です――世界じゅうを旅してきたんです。人様に頼るなんて、介護施設で暮らすなんて、母には耐えられなかったんです」

「上の階にお移しして、抗生物質を強いものにしましょう。困難に立ち向かう方でしたら――回復して手術ができるようになるかもしれません」

ラバノヴスカさんが整形外科エリア脇の病室に移されてくると、わたしは抗生物質の点滴を静脈にセットし、酸素マスクもつけて高流量を送りこみ（このマスクを、意識が朦朧としているというのに、ラバノヴスカさんは引き下ろそう引き下ろそうとするのだ）、理学療法士を手配して、呼吸が楽になるよう肺から痰を出すのを手伝ってもらった。

死の訪れは、みるみる減っていく蠟燭《ろうそく》のよう、あるいは恐ろしすぎて魅入られてしまうもの――黒い星――のようだ。ラバノヴスカさんはとても小さくしなびてはいたが、その人生は勇敢で前向きなものだったし、その死も人生のドラマに匹敵するものだった。はじめの何時間かは、わたしや看護師や療法士のやることが不安で何事かをつぶやく以外は、静かで身じろぎもせずにいた。それから、感染症のせいで起こる譫妄《せんもう》がひどくなり、怒りを含んだ混乱が色濃くなってきた。何度も何度もベッドから出ようとするが、折れた腰を動かそうとするたびに激痛で声を上げることになった。もう立てなかった。最初の日の夜中のいつだったか、娘さんが休みに帰り、代わりに息子さんが来てベッドのそばに座った。が、ラバノヴスカさんは身悶えして唸るばかりだった。わたしは痛みを抑えるためにモルヒネを投与したが、あまり大量でも死を早めるし、まだ生き延びて手術に耐えられる可能性もあった。

翌朝、シフトに入って二四時間め、回診で担当の外科医が、あと二、三時間が山です、と息子さんに伝えた。もし呼吸が改善しないようなら、今晩もたないでしょう。その時点で、ラバノヴスカさんの脈は、いわゆる「全速力《ギャロッピング》」になっていた。臨終に向かっての暴走だ。依然として動くたびに金切り声をあげていたが、ベッドから出るのは諦めていた。わたしは日中はラバノヴスカさんを病室に見舞うようにしては、増えてゆくお身内に話しかけたが、出番はないまま二日めの夜中になった。そのときのラバノヴスカさんは穏やかだった。呼吸こそ途切れがちになっていたが、肺炎にも腰の痛みにもさほど苦しまないようになっていた。

翌日、過労で霞む目のまま職場仲間とランチをとっていると、またも携帯がけたたましい音で鳴り響いた。「ラバノヴスカさんが」向こうで看護師が言う。「亡くなりました。ご確認なさいますか？　ほかの先生にお願いしましょうか？」

「どうした？」電話を切るや、ひとりの研修医が尋ねる。

「ラバノヴスカさんが亡くなった。行って死亡確認しなきゃ」

「まあ慌てるな」口いっぱいにランチをほおばりながら、その同僚は言った。「体温が下がってからでいいよ」

病棟に着くと、ご家族は病室の外に出ていた。看護師たちがラバノヴスカさんをきちんと横たえ、清潔なシーツで死の床を整えていた。心臓の音が聞こえてこないのを確かめ、見えていない目をライトで照らし、それから死因のほう、短くなって外に向いた脚に目をやる。

土葬ではなく火葬になる場合、主治医が書く書類は二種類ある。死亡診断書と火葬申請書だ。火葬申請書は、死亡状況になんら不審な点がなく、遺体を焼くのはなんの証拠隠滅のためでもないことを証明する。ほかにも役割があって、ペースメーカーや放射性挿入管が体内にないことを証明して、葬祭業者に安心してもらうのだ。ペースメーカーは火葬炉の高熱にさらされると爆発するおそれがあるし、がん細胞の制御に用いられる放射性挿入管は、灰のなかに残っていると人を危険にさらす。

「火葬だそうです」看護師長が言って、用紙を渡してくれる。わたしは廊下の真ん中で、娘さんと息子さんに立ち会ってもらって、用紙に書いてある冷たくお役所臭い質問に答える。搬送スタッフはほかの患者さんたちのところへ急ぎ、机の電話はだれも出ないので鳴りっぱなしだ。「自覚するかぎり、故人の死と金銭的な利害関係はありますか?」ノー。「故人の死因に以下のいずれかを疑う事由はありますか?(a)暴力、(b)中毒、(c)生活の窮乏またはネグレクト」ノー、ノー、ノー。「遺体をより詳しく検視すべきと思われる事由はありますか?」ノー。それから「誠心誠意より」申請書にサインしないといけない。「誠心誠意より」は赤で目立たせてあって、そこの文字だけ火がついているようだった。

「たいへん!」ふいに娘さんが言う。「もう片方の腰は?」

「どうしました?」

「左側の股関節です、人工関節に取り替えてあるほうの。金属製なんです。火葬したらどうなるんでしょうか?」

「ご心配には及びません」わたしは答える。「火葬場でより分けて、とっておいてくれますから」

火葬場でご遺族は、故人のからだの金属部分を返してもらいたいか、再生利用を望むかを訊かれる。人工の腰や膝や肩には、合金のなかでも最高性能のものが使われていることがある。チタンとクロムとコバルトの合金は、高齢者を晩年まで動きやすいからだにして自立させてくれたあとは、火葬場で集められ、溶かされ、精密部品に変えられて、人工衛星や風力タービンや飛行機のエンジンの機構になる。

ヤコブの取っ組み合い場面の魅力が尽きないのは、格闘している相手が天使であるだけでなく、わたしたち人間みんなが具現している弱さや回復力とも格闘しているようだからだ。この場面には古典的な民話のあらゆる特徴、つまり主人公が危険な旅に出発し、自分を滅ぼそうとする力に立ち向かい、その闘いの証を刻みこまれ、最後には勝利をおさめる、のすべてが備わっている、とさえ言う論者もいる。[6] そしてこのパターンは、世界じゅうの整形外科とリハビリテーション科で進行している回復の物語と酷似している——レイチェル・ラバノヴスカが左の股関節を骨折し、人工関節との置換に成功した経緯のように、その経験はからだに残ったけれど、そのおかげで回復ももたらされたのだ。

くりかえし語り継がれている物語のなかには、考えうる解釈と、文化の違いを超えて響き合う特徴が、層をなしているものがある。主人公の勝利で円くおさまる物語もあるが、パターンを踏襲しているとはいえ、すべてがハッピーエンドを迎えるとはかぎらない。創世記では、ヤコブは新しい祖国となるカナン地方に到達するが、エジプトに下ることになる。そしてそこで長い年月を過ごし、老いて悩んで没する。創世記四九章に、ヤコブが自分の息子たち一二人に祝福を——辛辣なものも、慈悲深いものも——授けるようすがある。そして「ヤコブは、息子たちに命じ終えると、寝床の上に足をそろえ、息を引き取り、先祖の列に加えられ[4]た——姿を変えられることもなく、天に召されることもなく。レイチェル・ラバノヴスカのほうは、その人生にふさわしく、物語らしい結末になった。からだの一部が生き続けている。いまなおタービンとして、空の高いところで回転しているか、かつて自分が旅して回った星のはるか上で、軌道に乗っているのだ。

18 足とその指

地下空間の足跡

これは一人の人間にとっては小さな一歩だが、人類にとっては大きな跳躍だ。
――ニール・アームストロング［1］

一〇月のグラナダ。アルバイシンの古いアラブ人居留区は、その面《おもて》を南に、アフリカの太陽のほうに向けている。狭い街路と建築様式には、いまなおムーア人の時代のイスパニアの名残がある。わたしがやってきたのは友人と過ごすためで、彼が住んでいるのがそこの伝統様式の館――カルメン・グラナディーノ――だ。屋敷の壁は丘の斜面に沿っている。街路の高さにある玄関を入ると建物の上階で、そこから木の階段を降りて下の居室に向かう。リビングからは南向きの庭が開けている。

庭の奥には祠《ほこら》――そうとしか言いようがない――があり、中は墓所となっていて、ミイラ化した足の小指が小さな棺に納められている。家主のケミはその小指のかつての持ち主でもある。一九九四年に交通事故に遭ってその指を失ったのだが、保険の損害賠償金でこの古い家の頭金を支払うことができた。それで家を正式にカルメン・デル・メニケ――小指邸と改名した。

小指を失くして以来、毎年一〇月に、ケミはローメリリア――伝統に則った追悼式典――を行っている。

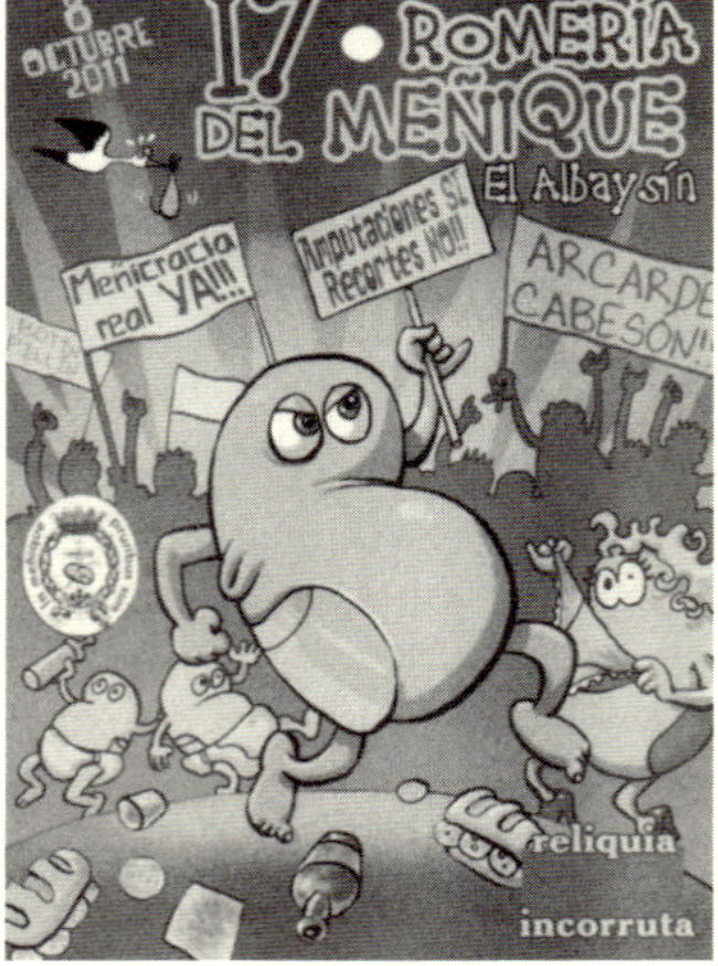

小指は祠から出され、キリストか聖母の偶像を運ぶのに使われそうな装飾台に載せられて、街を練り歩く――純然たる遺物として示されるのだ。二〇〇人もの信徒がパレードに参加し、アルバイシンの周囲を進みながら哀歌を歌い、そのまま聖なる泉に向かい、そこで切断されたケミの足の指を聖別し、そして大騒ぎでパーティをする。グラナダの街路を一巡したあと、聖なる小指はまた棺に戻され、翌年を待つことになる。

足は、解剖学者にはしょっちゅう見落とされ、教科書では最後のほうのページに追いやられ、試験勉強をする学生には最後のほうに回される。とはいえ、その生体構造は、人間が人間らしくあるのに欠かせない何かを教えてくれると言われる。類人猿だったわたしたちの祖先が森から出て、進化したヒトになるべく歩き出すために必要だった何かを。小指の行進にも、まぎれもなく人間らしい、と心を打つものがあった。荘厳な儀式をからかえる力が、そして苦痛と喪失を輝かしい祝事に変えられる力が。

一九七八年、古人類学者のメアリ・リーキーが、タンザニアのラエトリの平原で三体分の足跡《そくせき》化石を発見した。足跡は九〇フィート〔二七〜二八メートル〕にも及び、男性と女性と子どもが湿った火山灰の上を連れ立って歩いた跡が、そのまま凝固して化石となったものと思われた。歩いている途中で、そのうち一体がためらうように立ち止まり、左へ向き、それからまたまっすぐ進んでいる。その上からも火山灰が降り積もったため、足形が残った。歩いていたときは雨が降っていて、その雨粒の跡も残っていた。

その化石は三五〇万年以上前のものだ。わたしたちがこんにち知っている人類ではなく、アウストラロピテクス・アファレンシス、人間の系統樹を遡ったヒト科の祖先の一種になる。アウストラロピテクス属は、脳はゴリラのように小さく、まだ石器のつくり方は知らないが、ゴリラとは違い、わたしたちのように立って歩いていた。何を見ようとして立ち止まったのだろう？　近くで火を噴いている火山、つまり灰が降ってきている火口のほうかもしれない。おそらく三体は家族で、噴火から逃れ、不吉な色にかき曇った空の下から逃れて、家路を急いでいたのだろう。足跡のひとつは、左足のほうが深くなっている。赤ん坊を抱いていたのか、片足が不自由だったのか。

機能解剖学の専門家なら、灰に残ったかすかな足形から、体重や歩く速さや生物種を推定できるが、素人目には、そういった跡は、わたしたち人間のものと区別がつかない。化石に基づいたコンピュータによるシミュレーションが、その三体の速度、歩様、歩幅を算出している。わたしたちと同じように、アウストラロピテクス・アファレンシスの足は、ほかの指に較べて親指が大きく、土踏まずがあって、踵《かかと》の骨（踵骨《しょうこつ》）から踏み出して爪先で地面を後ろに蹴るようにして歩いていた。ラエトリの足跡化石が発見される前は、ヒト科の生物は脳が大きくなってきてから二足歩行を始めた、と思われていたが、ラエトリがその逆であることを証明した。二足歩行に慣れだしたからこそ脳が開放され、手も開放されて、抽象概念をあやつって地上の原材料を加工するようになったのだ。

医学部生が足の解剖学を学ぶのはいちばん後回しかもしれないし、あまり重きも置かれないかもしれないが、足は工学上の驚異だ——走ると、一歩ごとに使われる全エネルギーのおよそ半分が、弾性エネルギーのかたちでアキレス腱に蓄えられ、土踏まずのほうに解き放たれる。土踏まずは三本のアーチ構造で、それが体重を支えている。縦に二本、横に一本。子どもが「扁平足」だと親が心配するのは、見た目におかしいからだけでなく、痛くなったり変形を来したりするからだ。橋に配してある支柱のように、足のアーチ構造は、強靱であるために必要なものだ。土踏まずがなければ、足は体重をしっかりと支えられない。

土踏まずは四つのやり方で保たれている。三本のアーチの両端にはくさび形をした骨があり、尖ったところが地面のほうを向いている。石橋の裏側で石どうしを連結している金具のように、骨一本一本を底面で繋げている靱帯がある。腱と、強くてより長い靱帯もあり、こちらは橋の下にわたされた梁のようにアーチの両側を結んで走っている。そして脚から来ている別の腱があり、吊り橋のケーブルのようにアーチを吊っている。

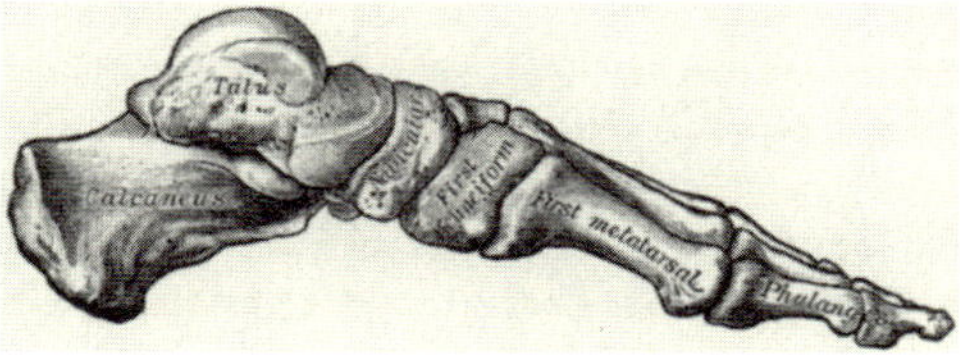

解剖学が足をないがしろにしていることには、じゅうぶんな手立てが講じられていない。が、ラエトリの足形を証拠と考えるなら、わたしたちが人間らしさに踏み出したのは土踏まずのおかげということになる。たくさん歩きすぎたり重すぎるものを運んだりすると、耐荷重を超えると石橋にひびが入るのと同じで、中《ちゅう》足骨《そくこつ》の疲労骨折を引き起こす（これを「行軍骨折」というのは、行進をする兵士に最初に見つかったからだ）。土踏まずをあるべき場所に固定している靭帯は、痛んだり腫れたりすることがある。この「足裏の筋膜炎」はつらいもので、なかなか癒えない。痛風は母指球の関節に起こることが多く、モートン病――神経にできる腫れ物で痛みを伴う[2]――は足指の付け根のまわりで罹ることが多い。扁平足の子どもは、甲まわりの診断をしないといけないし、特製の靴さえ必要になる。履いていれば、骨格が補助のアーチになるように成長するものだ。たとえ医学部では足がほとんど注目されないにせよ、資格を得て医師になってみれば、足の生体構造について、足に悪いところがあった場合の治し方について、考える時間をもたざるをえなくなる。

わたしが解剖学を教わったひとりが、ゴードン・フィンドレイター教授だ。アバディーンの人で、端的にものを言い、手際がよく、銀の顎ひげがある。解剖学者になる前は、電話技師の仕事をしていた。たぶんもともと教えるのに長けていたか、たぶん電話を修理する仕事がコミュニケーションの才を開花させたかだ。わたしたち学生にこんなふうに尋ねる。「機能の点でより特化されていて、人間により固有なのはどっち？　手か足か？」

「手！」わたしたちは大きな声で答える。「親指が対置できます！」

「不正解」ゴードン先生は言って、親指が対置できるようになるのは改良としてはたやすく、類人猿の手とわずかな違いしかない、と説明する。「直立歩行に適合しているのは足のほう」先生は言う。「足のほうがわれわれ人間に固有なんだよ」

ゴードン先生のもとで働いて、学生に解剖体を見せる準備をしていたことがある。解剖実習室は、高くて風がよく通る天井が、精緻な模様の鋳鉄の梁で支えられており、一年のほとんどのあいだ、北向きの窓から冷たい脱色光が射しこんでいた。背の高いスツールに腰かけて、からだの各部を載せたトレーを整え、ときには献体まるまる一体を用意した。静穏で、瞑想するような仕事で、手も塞がっていたが心も同じくいっぱいになった。啓示的でもあった。自分たち自身のものでもある身体《しんたい》の緻密さに接し、驚きの念に打たれた。複雑な構造がどうなっているかわかると、達成感があった。たとえば腕神経叢《わんしんけいそう》、骨盤の動脈の経路は言うまでもなく。腱と神経の滑車システムが指を制御しているのを解剖したときは、同じメカニズムで自分の指も動かせて仕事ができるのか、と驚嘆したものだった。

準備する解剖体が身体の個々の部位であることはよくあった。手、足、脚、腕、顔、胸。それぞれの部位に、ご遺体の名前を書いたプラスチックの札がついている——解剖した全部位を記録にとり、ひとつひとつ名札をつけるよう法律で定められているのは、そうしておけば、あとで火葬のときに、曲がりなりにも全部位を集められるからだ。各部位は、防腐剤を染みこませた布に包まれて、車輪のついた大きな容器のなかに入れてあった――容器ごとに違う部位が入っている。ときどき地下に降りていっては、その日の解剖内容に見合った容器をとってきたものだった。

建物の下《フット》まで古いエレベーターが通じていた。奥行きはあまりないが幅はたっぷりあるエレベーターで、棺が横に入った。乗ったら、天井の梁と同じように古式ゆかしい黒い金属の格子扉を自分で閉めるのだが、思いっきり叩きつけるようにしないと、鍵がかからない。献体と同乗しようものなら、においに耐えるべく息を殺したまま、隅に身を引っこませて場所を譲らなければならない。そしてボタンを押すと、暗闇へと降りてゆく。

いちばん下に着くと、防腐処理室が開けている。壁には白いタイル、床にはテラコッタ、空気には鼻を衝く防腐剤のにおい。鏡面仕上げをしたステンレス製の作業台が二台ある。台はパネル二枚がそれぞれ内側に向かって傾いでいるもので、真ん中で「V」字に接したところが溝になっている。遺体整復師のアランは心優しき大酒飲みで、なめし皮のような肌をして〔3〕瓶底メガネをかけていた。以前は葬儀屋だったが、〔4〕ベルベットのカーテンやら霊柩車やら花束やらといった、故人のみならず遺族をも相手にして働くのにつきものの何もかもを、喜んでなげうった。第一次湾岸戦争のときに国防義勇軍に志願したこともあり、自分が整復したご遺体の顔よりも、イラク人死者の顔のほうにうなされる、と言っていた。事務室の棚の高いところにウィスキーを置いてあり、行きつけのパブは「墓掘人亭」だ。

献体には、地元の病院の恩恵に浴してきて、なんらかのかたちでお返しがしたいと思っていた人たちも多い。献体が到着するや、アランはそのご遺体を台に寝かせ、鼠蹊部《そけいぶ》の大腿動脈か、時には首の頸動脈を切開する。金属のカニューレを挿入し、そこにゴムホースを装着してしっかりと固定する。天井から防腐剤の溶液が入ったタンクが吊るしてある――タンクとゴムホースを繋ぐと、重力がポンプの働きをして、防腐剤が血管という血管へ行きわたる。溶剤がからだに浸透してゆくにつれ、血液が耳や鼻や口から洩れ出て、ステンレスの溝へとはけてゆく。

霊安室のすぐ脇、解剖体を保管してある容器のところに、下り坂になった通路があり、その向こうに分厚く重そうな扉があった。ある日、足の解剖学演習の準備をしていたとき、ゴードン先生にその扉の向こうには何があるのか訊いてみた。「自分で見たい？」先生は鍵束を引っぱり出した。「上の博物館に陳列する場所がないものを、みんなとってあるのがあそこなんだ」

その先には、闇があった。煉瓦のアーチが肋骨のようにたわんで、狭い通路に覆いかぶさっていた。天井は低く、空気は鉱物臭かったが、同時に何か生物らしい気配に飲みこまれる感じ――鯨の腹に吸いこまれる感じがあった。ゴードン先生がスイッチを見つけ、古い蛍光灯のブーン、パチパチという音がして、あたりはくすんだ黄色い光に包まれた。

地下墓所《カタコンベ》の回廊が果てしなく延びていた。たぶん医学部の壁を越えた向こうへ、もしかしたら地中をさらに向こうへ、音楽学校やいくつもの講堂のほうへ、大学最大の講堂――マキューアン・ホールのほうへ。その回廊に沿って人間の骨格の台が架かっており、その向かいに「マオリ遺跡――本国送還用」というラベルのついた箱が積み重なっている。*居並ぶ頭蓋骨の空洞になった眼窩《がんか》が、あたかもこちらを見つめているような気がした。そこは納骨堂でもあり、動物園でもあった。キリンの骨格が木箱のなかで、カバの一部と並んで横たわっている。長いポリスチレンのケースに入っているのは、乳白色をしたイッカクの牙二本で、骨董の陶芸品のようにひびが入っている。クジラの椎骨が、地球のプレートの端に押しやられでもしたように、回廊の縁に沿って置いてある。棚に並んで埃をかぶったガラス瓶には、達筆のカッパープレート体で書かれたラベルが貼ってある。片隅では、骨を連結してあるオランウータンが、出口のほうを凝視している。

わたしはもう一カ所、箱が積んであるところで立ち止まり、てっぺんを開けた――そこには、二〇〇年以上前に、アレグザンダー・モンロー二世が解剖して漆を塗った人体が入っていた。モンローは一八世紀にエディンバラ大学で教鞭をとっていた人物で、脳の構造をずいぶん明らかにした。そのそばには、モンローの後継者たちが水銀を注射した人体があって、おかげで脆くて見えづらいリンパ管が露わになっている。心臓や肺や消化器官は、火で燻《いぶ》したようにしなびて黒ずみ、保存のためポリ袋に密封されている。永遠の生命にではなく、人間のからだと創造におけるその位置づけを理解したい、という夢に捧げられたミイラだ。

穴蔵のような一室に積んであったのは、胎児の骨が入った小さな箱で、どの骨もサンゴの枝くらいかぼそい。革のようになって乾いた顔は、南太平洋のニューブリテン島で人類学者が収集して、博物館に寄贈したもの。儀式で剥がされて粘土に埋めこまれているが、その儀式については記録されていない。眼窩にはニューブリテン島の人の手で小さなコヤスガイが嵌めこまれており、それが生気なく煉瓦壁のほうを向いている。軟骨無形成による小人症の人の骨格もあり、くる病に見舞われ、大腿骨と脛骨《けいこつ》がたが

＊　エディンバラ大学は、二〇世紀以前に心ないやり方で「収集」された遺跡を返還しようと、とりわけ積極的に活動を続けている。

いにもつれ合って、節くれだったオークの切れ端のようになっている。さらにあったのは石胎または「石児」で、母親の体内で死んでから何十年も経って外科医にとり出されたものだ。棚の下のほうにはガラスのケースがあり、中にはもう一体、丸まったままミイラ化した赤ん坊がいる。「この子がどこから来たかわからないんだが」ゴードン先生が言う。「二〇〇年くらい前のものだろう」

片方の壁の窪みのなか、そこだけ床がせり上がって天井が低くなっているところに扉があり、ゴードン先生が押す。扉には、古びたブリキの札がかけてある。「エリアD」とある。「いかなる事情があろうとここにある棚から何ひとつ動かすべからず」。中の棚にあったのは、ルネサンス期の医学の教科書が「怪物と驚異」と呼んでいたものだ。人間の成長の常識を外れているもので、一九世紀に解剖学者たちが街のゴミの山や火床から救い出したという。両脚が癒着した人魚のような赤ん坊たちが、海水の水槽に浮かんでおり、そのそばには幼くして亡くなった結合双生児たちが、頭が二つある以外はふつうのからだで並んでいる。別の棚はさまざまな段階の「脳水腫」つまり水頭症の実例で、液体で膨れ上がった頭蓋骨がいくつも、狭い容器の板ガラスを内側からいっぱいに押している。ガラス製の子宮のなかに浮かんでいる、一世紀以上前に流産で亡くなった胎児たちは、骨に赤く血がしみつき、からだはクラゲのように半透明になっている。不気味ではあるが、当時はこういったものを棚に並べる健全な理由があった。赤ん坊たちは、胚が子宮のなかでどう育つかを研究する手がかりになったのだ。当時もいまと同じように望まれていたのだ、発達がどううまくいかなかったかを理解すれば、特定の両親に、そのような赤ん坊が生まれやすいと告知できる、と。

さらに別の棚の列は、解剖学のクラスで学んだありとあらゆることを凝縮したようだった。そこには、解剖学科がいちばんおろそかにしたり見落としたりしがちなものが勢揃いしていた。しぼんで垂れ下がった脳の数々、蠟《ろう》でできた腎臓模型、半分に切られた眼球。ある棚には、蝸牛《かぎゅう》と三半規管ばかりがずらりと並んでいる。石膏でできた頭部模型は、表情筋を明らかにしている。木箱のなかに積み重なった胎盤と卵膜は、ひどい保存状態のため、分解してしまっている。棚のいちばん上、天井の円蓋に近いあたりの奥行きのないところに、女性の外陰部が一体分、杭に繋がれて広げられ、尿道とスキーン腺のまわりの厚くなった組織を露わにしている。

床に近いところの、でこぼこした松材の棚には、熊の頭蓋骨が熊の足の骨格とともに並んでいる。熊は二足歩行ができる数少ない哺乳類のひとつで、人間と同じように、歩くときはまず踵から地面につける。レオナルド・ダ・ヴィンチは人間の足を手に入れることができず、代わりに熊の足を解剖した。熊の足の標本は、人間の足が並ぶ隣にあって、表皮から骨まで順に、層状に組織を剥がされている。

仕事に戻る時間だった。電灯がパチパチと音を立てて消え、棚も骨格も闇に戻った。外に出ると、金庫室のように扉が甲高い音で軋《きし》りながら閉じた。わたしは足のたくさん入った容器を転がしながら、霊安室と防腐処理台を通り過ぎ、エレベーターのほうに向かう。再び闇、そして、冷たい石壁が間際まで迫ってきている感覚と、淀んだ空気と。解剖実習室に北から射しこむ清々しい光のなかに一歩踏み入れたときは、墓から甦ったかのようだった。「あそこにあるものをみんな、どうにかしなきゃならない」ゴードン先生が言った。「あそこに置いておくだけじゃだめなんだ、あらゆる人の目から隠して、ごく一部の専門家しか見ないなんて」

グラナダでは、人として自分たちはからだに意味を、愉快なものであれ荘厳なものであれ、託すものだと強く感じたし、地下空間でも、意味を託されていると感じた。あの棚に並んでいたのは、二世紀も三世紀も続くたゆまぬ知的エネルギーの証しだった。それは人体の意味を解き明かそうと人類が試みてきたことの証しで、そこには、不全のときは治し、苦痛のときは和らげるという目的があった。ほかにも驚嘆があった。地下空間を歩くのは、ヴァージニア・ウルフがかつてサー・トマス・ブラウンの心について書いたことを思い出させた。「彼が見る何もかもに驚異という後光が射す……、床から天井まで象牙や、古びた鉄や、壊れた鍋や、骨壺や、一角獣の角や、エメラルド色の光とブルーの神秘に満ちた魔法の眼鏡でいっぱいの部屋」[1]。おそらくあの地下空間を落ち着かない場所と感じる人もいるだろうが、あの闇には驚異という後光が射していた。わたしはゴードン先生のこの言葉に同意する。解剖学は大事すぎて、驚きに溢れすぎて、隠したり専門家だけに委ねたりしてはおけない。

　はじめて解剖学科の地下の穴蔵を訪れてから何年か経ったころ、医学部の旧校舎の隣にあるマキューアン・ホールに侵入した者がおり、警報装置が鳴り出したことがあった。警報は警察署に直に繋がっており、警察官と警察犬のチームが現場にやってきた。警察犬が追っているあいだに、侵入者はホールの地下への通用口を見つけ出し、そこから坑道のような通路を下ったが、それがあの地下墓所のほうに向かう道だった。

　足跡と、扉を蹴破ったときについた足形から、あとでその男の辿った経路が判明した。石壁伝いに手探りで進みながら、警察犬が背後に迫っているのを感じながら、闇のなかを逃走する。最初に蹴破った扉は古いボイラー室に通じており、そこでまた別の扉があるのに触れる。その扉も何度も蹴ってみて

（のちに撮影されたいくつものブーツの跡がその証拠になった）、ついに蹴破り、そこから解剖学科の地下へ入りこむ。人骨が架かった台のあいだを手探りで抜け、闇のなかを棚を伝いながら通り過ぎてゆく、怪物と驚異を、イッカクの牙とキリンの骨を、杭に繋がれた女性器を、解剖後の熊の足を。中には、男がうろたえて闇雲に手を伸ばしたせいで、破損が生じたものもあった。防腐処理室に通じる扉のところで男は立ち止まり、しばらくのあいだ扉をこじ開けようとする。それがうまくいかなくて、かえって幸いだった——開けていたら、自分が霊安室のなかで献体に囲まれているのに気づいていたところだ。

捕まるまぎわ、追ってきた警察犬がもう地下墓所に入っているときに、古い石炭シュートのいちばん上で光が一閃したのを、男の目が捉えた。手探りでそこまで昇った男は、棺ほど狭いところにからだをねじこみ、うまく体を返してそこの格子を蹴り上げると、逃げてしまった。俊足だったに違いない。いったん外へ出たら警察犬も追いつけなかった。

足は、人間としてのわたしたちの起源について最初期の証拠を提供してくれるもので、足跡は、わたしたちが世界を通り抜けてきた痕跡だ。わたしたちが足で世界のなかに位置を占めることは、慣用表現になっている。「足を踏み入れる」や「足場を固める」、あるいは「棺桶に片足を突っこむ」といったものまで。見つかっているかぎり最初の二足歩行の足跡は、ラエトリの三〇〇万年前のものだが、いまや月面の粉塵の上にも人類の足跡が残り、それは人類後の世まで残るだろう。おそらくは、いつか火星にも足跡がつくだろう。

医者になること、解剖学を学ぶことが、人体の細片を集めて瓶に入れるのにかまけること、その細片を台にピンで留めて保管庫に貯めこむのに終始することだった時代があった。しかし、足跡の意味を理解する科学者たちが、伝統に則り、ダ・ヴィンチとその後続に遡り、生体構造の繊細さに注意を向け、その知識を人間性という根本問題に当てはめるようになってきている。そうは言っても、収集に憑かれていた解剖学者たちにも、いまだ朗報はある。その仕事ぶりがますます闇世界から足を踏み出し、日の目を見るようになっているのだ。

エピローグ

ぼくはぼく自身を土にゆだねる、愛する草から生い茂るために、
もしもぼくとの再会を望むなら君の靴の下を探すといい。
――ウォルト・ホイットマン「ぼく自身の歌」〔1〕

うちのクリニックは安アパートを改修したもので、エディンバラの交通量の多い道路沿いにあります。診察室は東向きです。夏の午前中は光が降り注いで暖かくなり、冬はセピア色に染まって涼しくなります。サンプルの瓶や針や注射器がしまってある戸棚の隅に、スチールの流し台が造りつけてあり、別の隅には、ワクチンを入れておく冷蔵庫があります。カーテンの向こうには使いこんだ診察台が一台、その上には枕が一つ、それからシーツが一枚畳んであります。壁のうち一面には本棚が並び、ほかの面を飾っているのは、ダ・ヴィンチの解剖学ドローイングや、掲示板や、医学の専門資格の認定証です。往診地域が入っているエディンバラの地図もあります――色分けされた道路や川や路地が走る、図案化された都市の生体構造です。

肺に耳を傾けながら、関節を動かしながら、あるいは瞳孔を覗きこみながら、患者さん一人ひとりと

それぞれの人の生体構造を意識しつつ、同時に、いままでに診たあらゆる人たちのからだをも意識しつつ、わたしは人体を旅します。わたしたちみんなに、特別だと思う風景がいくつもあります。愛着を感じたり畏敬の念を抱いたりしている、意味に満ちている場所です。人体は、わたしにとってそういう風景になってきました。どこをとってもなじみ深く、それぞれに力強い思い出を湛えています。

人体を風景として、あるいはわたしたちを支えている世界の映し鏡として考えるのは、街なかにいては難しいことかもしれません。地図の上では、わたしの往診範囲はどちらかというと狭いのです——自転車ですべての患者さんのところへ行けるくらいです——が、人のありようを横断するという意味では、診療範囲は広いです。豪勢なお屋敷街に行くこともあれば、息を吞むほどの貧困にあえぐ公営住宅に行くこともありますし、社会人ばかりの街区もあれば、大学の学生寮もあります。新生児のベッドにも、老人ホームにも、天蓋付きの死の床にも、荒れ果てた共同アパートにも平等に招かれるのは、またとない特権です。わたしの職業は、パスポートか、いつもは閉ざされたドアを開ける透明の鍵のようです。苦痛というプライバシーに立ち会い、可能であれば、和らげるのです。いちばん控えめな目標にさえ届かないことはよくあります——ほとんどの場合、医療とは、劇的に命を救うことではなく、粛然と整然と死を遅らせようとすることです。

往診範囲の真ん中、クリニックからそう遠くないところに墓地があって、高い壁で街と隔てられています。そこに行くと、樺や楢や楓や松の成木が立ち並ぶなかを、一本の砂利道が蛇行しています。木々の根が、地中の棺を、朽ちて土に還るまで、揺り籠のように抱き続けているのです。わたしが訪れるのは、往診先とクリニックを行き来する合間のほんのわずかな隙にで、たいていはほかにだれもいません。

たまに、親御さんたちが連れ立って、わたしと同じく、街路の喧騒を逃れて憩っているのに出会います。すれ違うと、たがいに笑みを浮かべて会釈をします。クリニックで診たことのある小さな子どもたちが、笑い声をあげながら墓石のあいだを走っています。検査をしたことのある赤ちゃんたちは、優しくあやされて、ベビーカーのなかですやすやと眠っています。

墓石に刻んである名前には、なじみがあります。その同じ名前が、日々、わたしのパソコン画面上に現れているからです。故人の碑には仰々しいほど厳かなものもありますし、地味で簡素なもの――ただ名前と生没年月日だけのものもあります。もてる者ともたざる者が並んでいるようすには、どこか分け隔てのなさがあります。壁沿いの墓の列は、地域のユダヤの人びとのものです。そこは鉄柵で囲ってあり、りますが、あちこちで木の根っこが、かまわずその柵をくぐっています。もはや失われた帝国の兵役に就いて、銃弾を受けたり、出産したり、熱帯の熱病にかかった結果、遠いところで亡くなった人たちの碑もあります。天寿をまっとうした人たちもいれば、早世の難に見舞われた人たちもいます。墓石に彫ってある故人の職業を見ていると、一世紀やそこらの世の中の移り変わりがわかります。生地屋、製粉業者、聖職者、銀行家。薬屋の親方のオベリスクがあって、それが建つまでには自分にチンキ剤を調剤していたでしょうし、ある医者の墓石は、自分が手当てをした人たちが眠るなかにあります。

木々の上にはハイタカが巣をつくり、墓地のなかに住んでいるネズミや小鳥を狙っています。倒れた墓石には蔦が絡まり、区画と区画のあいだの地面が窪んだところには、木苺の茂みができています。夏は、静謐のようなものをもたらし、それは濃密で豪勢で、時には木々の葉が柔らかく息をするのが聞こえるような気さえします。秋までには、その葉が深紅色や黄金色で墓地を覆い、そして冬には、墓石の数々が、雪の吹き溜まりのあいだで歩哨のような佇まいを見せます。しかし春になれば、枝という枝に新緑が厚く芽吹き、地面の若草が木漏れ日に向かって背伸びをするのです。

生命は清らかな炎であり、私たちは目に見えない内なる太陽によって生かされている。

――サー・トマス・ブラウン『壺葬論《ヒュドリオタフィア》』(一六五八年)

〔『医師の信仰・壺葬論』生田省伍・宮本正秀訳、松柏社、二九一頁〕

謝辞

まずだれよりも両親に、過去も現在も未来も、感謝を捧げる——ふたりがいなければ、わたしは海のない船乗りのようなものだ。ふたりの個人情報をいっさい出さないという前提のもとでは、それぞれに感謝は述べられないのだが、だからといってありがたい気持ちが薄れるわけではまったくない。

ヒポクラテスは、有名な「誓い」のなかで、「この術をわたしに授けた」あらゆる人たちに敬意を払うことの大切さを強調しているが、わたしは範となる先生方に恵まれた。大勢おられるが、とりわけ感謝を申し上げたいのは、ゴードン・フィンドレイター、ファンネイ・クリストマンズドティア、ハージー・ファナナパザイア、ジョン・ニンモー、テリーザ・ド・スワイエット、ヘイミシュ・ウォレス、ピーター・ブルームフィールド、ジョン・ダン、故ウィルフ・トレジャー、クレア・サンダー、ティム・ホワイト、コリン・ロバートスン、ジャネット・スキナー、フィリップ・ロバートスン、マッズ・ギルバート、イアン・グラント、セアラ・クーパー、コリン・マムフォード、ラスタム・アルシャヒ、ジョン・ストーン、イアン・ホイットル、スティーヴン・オウエンズ、マイク・ファーガスン、サンディ・リード、キャサリン・ジョージ、チャーリー・サイダフィン、アンディ・トレヴェットだ。

プロファイル・ブックス社のアンドルー・フランクリン、それからウェルカム・コレクション社のカーティ・トピワラの洞察力、想像力、編集術、信頼感が、最初の段階から根底にあった。プロファイル社のセシリ・ゲイフォードは、丹念な仕事に努めてくれた。スザンヌ・ヒレンの細心の注意力、広く深い調査能力、忍耐力にも感謝。クリエイティヴ・スコットランドとK・ブランデル・トラストから支援を受けられたのも幸運で、クリニックでの時間を図書館での時間と交換できた。ジェニー・ブラウンは、どんな著作権代理人もこうあるべき、というきらめく鑑だ。几帳面なのに取っつきやすくて、しかも卓球の達人なのだから。

ジャック・フランシスとジンティ・フランシス、ドーン・マクナマラ、フラヴィアナ・プレストンは、クリニックと図書館と育児のバランスをとるのを助けてくれた。ウィル・ホワイトリーは、早くから草稿を読んで、すばらしい助言をくれて、脳について新しい視座をもたらしてくれた。電気けいれん療法にかかわる認識と専門知識については、ニール・マクナマラに謝意を表する。ジョン・バージャーは、寛大な支援をしてくれたうえ、本書に興味をもってくれた。尽きることのない感謝と、タリスカーのボトル一本を。セルチェク・デミレルは、《星辰》の掲載を許可してくれた。グレッグ・ヒースとヘクター・チャウラは、眼科学という迷宮を進むのに手を貸してくれた。ロバート・マクファーレンは、この本のさまざまな着想にたゆまず支援を続けてくれるとともに、懸念の数々を先頭に立って打ち消してくれた。『ニューヨーク・レヴュー・オヴ・ブックス』誌のボブ・シルヴァーが、内耳への旅に発たせてくれたことにも感謝。ピーター・ドーワードには、その機知、熟練の読解力、黄金の熟考に、そしてわたしを『イーリアス』に没頭させてくれたことに感謝。応援隊長になり、心臓の雑音に熱心になってくれたティム・ディーにも恩義を感じる。手首の章では、リートー・シュナイダーが正しい道を示し続けてくれ、暗く熱いピエール・バルベの世界を探検するのに手を貸してくれた。イヴ・ベルジェは、『ケアリング』展のドローイング作品の掲載許可を、それからカンシーの鍵と自由をくれた。『グリム童話集』の生い茂るいばらに絡み取られずにすんだのは、マリーナ・ウォーナーの迷いのない道案内とリリ・サーンニアイの惜しみない協力があってこそだった。デイヴィッド・マクダウルのことは、腎臓の章で語らせてもらった。アレク・フィンレイは、臓器および組織ドナーのための国民的記念物とのかかわりで、詩作『タイ——野生の庭』から引用するのを許可してくれた。腰の章では、カーティス・ピーターズがヘブライ文化への案内役を務めてくれた。デイヴィッド・フェリアは、草稿に編集というダイヤモンドの粉をふりかけ、ヤコブについての話の着想をくれた——真の博学にして友だ。アダム・ニコルスンは、親身になってジーノと『イーリアス』の話をしてくれた。パディ・アンダースンとケミ・マルケスには、比類のないユーモアと、グラナダのカルメン・デル・メニケでのもてなしと、ローメリアについての見識をもたらしてくれたことに感謝する。

ロビン・ロバートスンは、寛大にも「二分割」についての執筆と掲載を許可してくれた。イアン・シンクレアは、小説『ランダーズ・タワー』からの引用を許可してくれた。キャスリーン・ジェイミーとブリジッド・コリンズは、『フリシュア』についての執筆、掲載、引用を許可してくれた。「非対称的生体構造」から引用させてくれたイアン・バンフォースに感謝。デイヴィッド・マクニーシュ——研究者にして医者にして神学者——は、ヤコブと天使にかんしてハートマン文書に導いてくれた。ダグラス・ケアンズには、古典学者には卓越したユーモアのセンスがある、という法則を裏付けてくれたことに感謝する。

機関では、スコットランド国立図書館、エディンバラ大学解剖学科、トリノ大学人体解剖学博物館およびび図書館、ウェルカム・トラスト、パヴィア大学医学部、ロイヤル・エディンバラ病院、ＮＨＳロージアン脳神経外科病院に感謝する。

「魂に神経外科手術を」と「カモメのざわめきと潮の満ち引き」は、もともと『ロンドン・レヴュー・オヴ・ブックス』誌の「ダイアリー」欄に掲載されたものの改稿だ。その記事の本書への収載を許可してくれたメアリ＝ケイ・ウィルマース、そしてじつに丁寧な編集作業をしてくれたポール・マイヤースコフに、恩義を感じる。「魔法とめまい」は、『ニューヨーク・レヴュー・オヴ・ブックス』誌に書いたエッセイ「ろう者の世界の神秘」の転載になる。

ダルケイス・ロード診療所の仕事仲間たちは、留守をくり返す迷惑者のわたしを、広い心で寛恕してくれた――テリーザ・クィン、フィオナ・ライト、イシュベル・ホワイト、ジャニス・ブレア、ジェラルディン・フレイザー、パール・ファーガスン、ジェンナ・ロウバトン、ニコラ・グレイだ。

エサにどんなに感謝しているかは、「ありがとう」のことばだけではうまく表せない。真に人生に熱中する人だ。いろいろな意味で、本書は彼女のためにある。

訳者あとがき

いつものように海外の新聞や雑誌のサイトをはしごして、面白そうな新刊書はないかと書評欄を探していると、ふと懐かしさを感じさせるものに目が留まった。動脈と静脈にだけ毒々しい彩色が施された、古式ゆかしい人体図。フランス語の作者名が添えてあって、一八九九年頃とある[*]。

幸福な記憶。古めかしくてどこか温かみのある人体図ばかりを、飽きもせずいくつもいくつも、何度も何度も眺めていたころがあった。学校から帰ると、真っすぐに父の調剤室に飛びこみ、年代物の木の脚立をよじ登って、ドイツ語の背表紙のついた医学書や薬学書の棚のなかから未踏のものを探し出す。

「これ見ていい?」

父が、フラスコや試験管や天秤の並んだ調剤台のところから、こちらを向いて莞爾とする。

古書と薬のにおいが分かちがたく溶け合ったそこが、幼い私が世界に向かって漕ぎ出す場所だった。ページをめくれば、見たこともない不思議な舶来文字に取り巻かれた色鮮やかな世界が広がり、それが脱腸のあれこれだろうが脱毛症のさまざまだろうが、なんだってきらめく魅力に溢れていた。やや黄ばんだ大判の紙いっぱいに広がる発疹の絵は、サイケデリック・アートさながらだったし、点描線で丹念に辿られる筋肉の線維一本一本は、銅版画へのいざないだった。

もうひとつ気になるのは文字。何が書いてあるんだろう。どんな響きがするんだろう。あの調剤室で初めて言えるようになった外国語らしい外国語は「イルリガートル」だった。点滴液が太いガラス管に入っていた昔の話だ。

からだを巡るわくわくする旅――。人体図付きの書評には、そんな英語の見出しがついていた。読みだす。厄介なめまいを治す簡単な方法を発明したのに笑い者にされる医師が出てくる。人間のあらゆる狂乱と悲嘆がなだれこむ救急病院が出てくる。一九歳にして初めて脳を手にする話で始まる、というこの医療エッセイ集は、どうやらよくあるオリヴァー・サックスふうの臨床譚《たん》とは異なるようだ。どんな図版が入っているのかも気になるし、読んでみたい。早速、この「隅から隅まで楽しく刺激的」だという本――本書の原書 *Adventures in Human Being*（2015）――を取り寄せた。

その圧倒的な読書体験を、どう表せばいいのか。

一八篇のエッセイに詰まった、個々のエピソードあるいはケース・ヒストリーそのものの興味深さもさることながら、それを彩る言葉の豊饒なことといったら。臓器や組織の姿かたちをなぞってゆく筆致の疾走感と、その形容から溢れる臨場感は、絶妙のカメラワークが織り成す総天然色映画でも見ているようだ。さらに、そんな言葉のひとつひとつが韻を踏み、意味をかけ合い、豪奢で繊細なタペストリーのように紡がれてゆくさまは、もう交響楽と言っていい（読み終えるや耳でも体験したくて、ＣＤブックまで買ってしまった）。

著者ギャヴィン・フランシスの博物学的な知識量にも、ただただ驚愕する。医学、解剖学、病理学はもちろんのこと、文学から地政学、あるいは軍事学から人類学まで。その五感を駆使しためくるめく知見を追体験する喜びは、それこそ枝葉末節に至るまで、読書好きには堪えられないものだろう。

それだけでなく、本書には人間への尽きせぬ愛と敬意がある。登場する「ほぼ架空の」患者さんたちの立ち居ふるまいや話しぶりの、なんと生き生きとしていることか。病気やけがという暗く惨めになりかねないものの描写が、ユーモアやウィットでどんなに救われていることか。疾病や負傷だけを見て、その向こうにある患者の人生や物語に耳を傾けようとしない「冷たい《クリニカルな》」医療に、フランシス医師は疑義を呈する。そういった痛みや苦しみに患者はどう向き合っているか。そこまで知りたい、ケアしていきたいと思うところに、医師としての彼の矜持がある。

一九七五年にスコットランドのファイフに生まれたフランシスは、エディンバラ大学を卒業後、医師としての研鑽を積みながらも、冒険好きが高じて世界七大陸すべてを踏破した。現在はエディンバラに診療所を構え、全科を診る総合診療医として地域に貢献するいっぽう、作家としても活躍の場を広げている。これまでの著作二冊、*True North: Travels in Arctic Europe*（2008）と *Empire Antarctica: Ice, Silence & Emperor Penguins*（2012）はいずれも冒険をテーマにしたもので、医療に材をとるのは三作目の本書原作が初となる。それが、医療書の概念を打ち破るものだった。作家のダイアン・アッカーマンは、以下のように評している。

「その美しく書かれ、絶妙に練り上げられ、圧倒的に人を惹きつける地図世界のなかでは、人体は宝物に埋め尽くされ、見事に照らし出された美術館である。フランシス氏は、わたしたちの日々の生という血の通った驚くべき基盤を明らかにすべく、科学と物語を巧みに織り上げる、最高の案内人である」

果たして同書は、二〇一五年のソールタイア・スコティッシュ・ノンフィクション・ブック・オヴ・ザ・イヤー、『エコノミスト』『サンデー・タイムズ』『サンデー・ヘラルド』『タイムズ』各紙誌のブック・オヴ・ザ・イヤー、『オブザーヴァー』紙のサイエンス・ブック・オヴ・ザ・イヤーなどを受賞。現在までに一八カ国で刊行されることになった。

医療と文芸と博物誌の息を飲むような融合。そんな作品を、文体の妙まで含めてどこまで日本語にうつせるだろうか。心に期したのは、目に浮かぶ色彩そのままのイメージで、耳に残る響きとほぼ同じ語感になるような日本語を探して、模写に絵の具をのせるようにていねいにていねいに重ねてゆくこと。その言葉探検の旅にのめりこめばのめりこむほど、私は、あの幼い日の父の調剤室に戻っていった。思い出す。どんどん蘇る。肝臓の質感はこんな感じ、神経叢《しんけいそう》の線はこんな感じ。私の錨は、あの調剤室に下りている、へその緒みたいに。フランシス自身が原書に載せた、古めかしくてどこか人間味のある図版の数々が、原風景に戻るさいの道案内図になってくれた。

父が倒れたのは、邦訳の出版社が決まった直後だった。集中治療室に見舞ったときは、ニーヴ・ホワイトハウスのように点滴スタンドの、父本人の教えにしたがえば「イルリガートル」台の森に囲まれて、昏々と眠り続けていた。幸い、いまは意識も戻り、大部屋に移って、ときどき虹が逆さになったみたいな笑顔をふりまきながら、そろそろと回復に向かっている。ある意味、この邦訳は父のためにある。

翻訳に際しては、たくさんの人たちのお力添えがあったのだが、しばしば私自身の持病が悪化するなか、冗長なシノプシスを根気よく読んで励ましてくれた主治医に、まずは感謝したい。フリーランス編集者の亀尾敦氏は、瞬時にして本書の趣旨と素晴らしさを理解してくれ、出版社にもちこむべく完成度の高い企画書をつくってくれた。真に聡明な人だ。そして、ご多忙ななか原稿を隅々まで見てくださり、蒙を啓かれるような的確な指摘をしてくださった監修の原井宏明先生、それから、みすず書房で編集の労を執ってくださり、視野が狭まりがちな私を誠実な言葉でくつろがせてくださった田所俊介氏。このお二方にも、心よりの感謝を申し上げる。

二〇一八年五月

鎌田彷月

* https://www.theguardian.com/books/2015/may/18/adventures-in-human-being-gavin-francis-review-john-epley-wirvell

索　引

ア

カ

サ

タ

ナ

ヤ・ラ

図版リスト

4 頁　落書き，トリノ 2014.“Agitare prima dell'uso”は「よく振ってからご使用ください」と訳せる．撮影は著者．

5 頁　《デカルト――神経系．脳と松果腺の図》．ウェルカム・イメージ・コレクション．

14 頁　案内板．ロイヤル・エディンバラ病院，2014．撮影は著者．

23 頁　「小児欠伸てんかん患者の脳波に見られる全般性 3Hz 棘徐波複合」from Der Lange, 11 June 2005, reproduced under commons licence.

31 頁　《男は天空を突き破る》，Camille Flammarion, *L'Atmosphere: Météorologie Populaire* (Paris, 1888)，p.163 収載の作者不詳の木版画．

34 頁　眼球の横断面．『グレイ解剖学』1918 年版，図 869.

42 頁　《星辰》，ジョン・バージャー著『白内障』より，セルチェク・デミレルの厚意と許諾により再掲．

46 頁　Charles Bell, *Essays on the anatomy and philosophy of expression as connected with the fine arts* (London: John Murray, 1844) より．

48 頁　《最後の晩餐》，ジャンピエトリーノによる模写――左．パブリックドメイン．

50 頁　《最後の晩餐》，ジャンピエトリーノによる模写――右．パブリックドメイン．

56 頁　チャールズ・ベルによるこの絵は頭の負傷で苦しむ兵士のもので，「ワーテルロー」の銘が入っている．ウェルカム・イメージ・コレクション．

64 頁　右耳の骨迷路内部．『グレイ解剖学』1918 年版，図 921.

77 頁　「気管支と細気管支」．*Popular Science Monthly* (1881) より．

81 頁　胸の X 線画像（気管分岐部のリンパ節腫張というより，右上葉が肺炎になりかけている）．Public Health Image Library (no. 5802), by Dr Thomas Hooten (1978).

83 頁　喉頭鏡で見た喉頭内部．『グレイ解剖学』1918 年版，図 956.

87 頁　心室中隔がわかる心臓の断面図．『グレイ解剖学』1918 年版，図 498.

91 頁　半月弁がわかるように広げてある大動脈．『グレイ解剖学』1918 年版，図 497.

100 頁　授乳期の乳房下部の解剖図．『グレイ解剖学』1918 年版，図 1172.

101 頁　「乳がん，手術中，最終切開直前」．ウェルカム・イメージ・コレクション．

103 頁　ブリジッド・コリンズ作《野ばら》，作家自身の厚意と許諾により再掲．

104 頁　ブリジッド・コリンズ作《キスト》，作家自身の厚意と許諾により再掲．

105 頁　ブリジッド・コリンズ作《九月に》，作家自身の厚意と許諾により再掲．

112頁　折れた右鎖骨，フルーツマーケット・ギャラリー（エディンバラ）のサム・ウッズのおかげで再掲.

114頁　右の腕神経叢とその短い枝，正面から見たところ.『グレイ解剖学』1918年版，図808.

123頁　《四つの手》，イヴ・ベルジェのインクによるドローイング，『ケアリング』展（Galleria Antonia Jannone, October 2014）カタログより再掲.

126頁　レンブラント作《ニコラース・テュルプ博士の解剖学講義》の模写，部分．この模写はエディンバラ大学解剖学博物館の入口にかけてある.

134頁　ピエール・バルベ著『キリストの五つの傷』（Paris: Procure du carmel de l'action de graces, 1937）p.63に所載のものを再掲.

140頁　ヴェサリウスの著作からの略図，伝統的に信じられていたことを表現している.

142頁　腎臓の濾過装置，糸球体を顕微鏡で見たところ.『グレイ解剖学』1918年版，図1130.

148頁　腎臓提供者のギフト・サークルの図は著者による.

152頁　“贈りもので終わるものに限りはない／贈りものは限りあるものでは終わらない”．アレク・フィンレイ著『タイ——野生の庭』（Edinburgh, Morning Star Publications, 2014）より.

153頁　前掲書.

155頁　生化学検査報告書，著者蔵.

160頁　ウォルター・クレイン画「白雪姫」（1882）.

168頁　バリウム注腸造影，カンザス・シティの診断画像センターの厚意による.

171頁　さまざまなかたちをしたガラス瓶のポスター，フランス，パブリックドメイン.

177頁　「バイブレーターの説明と取り扱い」より「バイブレーターの実演，1891年」．ウェルカム・イメージ・コレクション.

201頁　へその緒で胎盤に繋がった胎児．ウェルカム・イメージ・コレクション.

207頁　人間の胎盤．ウェルカム・イメージ・コレクション.

213頁　「腰と腿の骨と筋肉」，ドローイング，1841年．ウェルカム・イメージ・コレクション.

217頁　「全人工股関節置換術のX線画像」，アメリカ国立衛生研究所より.

226頁　2011年のローメリア〔足指追悼式〕のポスター，ケミ・マルケスの厚意による.

229頁　足の骨格（医学的側面）.『グレイ解剖学』1918年版，図290.

238頁　エドウィン・オルドリンによる撮影，アポロ11号，NASAの厚意による.

出典および訳註

1　魂に神経外科手術を

〔1〕『フランケンシュタイン』芹澤恵訳，新潮文庫，78 頁

〔2〕スコットランド北端部.

2　けいれんと聖性と精神医学

1　Hugh Crone, *Paracelsus: The Man Who Defied Medicine* (Melbourne: The Albarello Press, 2004), p. 88.

2　R. M. Mowbray, 'Historical Aspects of Electroconvulsive Therapy', *Scottish Medical Journal* 4 (1959), 373–8.

3　Gabor Gazdag, Istvan Bitter, Gabor S. Ungvari and Brigitta Baran, 'Convulsive therapy turns 75', *BJP* 194 (2009), 387–8.

4　Katherine Angel, 'Defining Psychiatry - Aubrey Lewis's 1938 Report and the Rockefeller Foundation', in Katherine Angel, Edgar Jones and Michael Neve (eds.), *European Psychiatry on the Eve of War: Aubrey Lewis, the Maudsley Hospital and the Rockfeller Foundation in the 1930s* (London: Wellcome Trust Centre for the History of Medicine at University College London, Medical History Supplement 22), pp. 39–56 を参照.

5　このプログラムはうまくいかなかった．E. Cameron, J. G. Lohrenz and K. A. Handcock, 'The Depatterning Treatment of Schizophrenia', *Comprehensive Psychiatry* 3(2) (April 1962), 65–76 を参照.

6　Anne Collins, *In the Sleep Room: The Story of CIA Brainwashing Experiments in Canada* (Toronto: Key Porter Books, [1988] 1998) pp. 39, 42–3, 133.

7　I. Janis, 'Psychologic Effects of Electric-convulsive Treatments', *Journal of Nervous and Mental Diseases* 3(6) (1950), 469–89.

8　Lucy Tallon, 'What is having ECT like?', *Guardian G2*, 14 May 2012.

9　Carrie Fisher, *Shockaholic* (New York: Simon & Schuster, 2011).

10　Sigmund Freud, 1904, published in *Collected Papers* Vol. 1 (London: Hogarth Press, 1953).

〔1〕ヒポクラテス『古い医術について――他八篇』，小川政恭訳，岩波文庫，53–4 頁，文末改訳

〔2〕てんかんの発作の一種.

〔3〕聖書中でイエスによって息を吹き返す.

〔4〕 精神症状を「とる」べく前頭葉の一部を大脳から切り離す外科手術．1970年代までにはほとんどの国で廃止された．
〔5〕 現代イギリスの著述家．
〔6〕 現代アメリカの女優．双極性障害と薬物依存の体験からの著作がある．

3 目

1 Empedocles, 'On Nature', Fragment 43, in *The Fragments of Empedocles*, translated by William Ellery Leonard (Chicago: Open Court Publishing Company, 1908).
2 J. Garcia-Guerrero, J. Valdez-Garcia and J. L. Gonzalez-Trevino, 'La Oftalmologia en la Obra Poetica de Jorge Luis Borges', *Arch Soc Esp Oftalmol* 84 (2009), 411–14.
3 Jorge Luis Borges, 'Blindness', in *Seven Nights* (New York: New Directions, 1984).〔ホルヘ・ルイス・ボルヘス「盲目について」『七つの夜』野谷文昭訳，岩波文庫，197頁〕
4 John Berger and Selçuk Demirel, *Cataract* (London: Notting Hill Editions, 2011).
5 John Berger, 'Who is an Artist?', in *Permanent Red: Essays in Seeing* (London: Methuen, 1960), p. 20.
6 John Berger, 'Field', in *About Looking* (London: Writers and Readers Cooperative, 1980) p. 192.〔ジョン・バージャー「野原」『見るということ』飯沢耕太郎監修・笠原美智子訳，ちくま学芸文庫，261頁〕

〔1〕 J・L・ボルヘス『七つの夜』野谷文昭訳，岩波文庫，216頁
〔2〕 前掲書，198頁
〔3〕 ホルヘ・ルイス・ボルヘス『幻獣辞典』柳瀬尚紀訳，河出文庫，72頁
〔4〕『七つの夜』，214頁
〔5〕 ボルヘス「ある盲人」『永遠の薔薇・鉄の貨幣』鼓直・清水憲男・篠沢眞理訳，国書刊行会，70頁
〔6〕『七つの夜』，204–6頁
〔7〕 現代イギリスの美術批評家，脚本家，小説家．
〔8〕 ジョン・バージャー『イメージ――視覚とメディア』伊藤俊治訳，ちくま学芸文庫
〔9〕「天国と地獄の結婚」『ブレイク詩集』寿岳文章訳，岩波文庫，161–2頁
〔10〕 ジェイムズ・ウッダル『ボルヘス伝』平野幸彦訳，白水社，401頁
〔11〕「永遠の薔薇」『永遠の薔薇・鉄の貨幣』，98頁

4 顔

1 'La giuntura delli ossi obbediscie al nervo, e'l nervo al muscolo, e'l muscolo alla corda, e la corda al senso comune, e'l senso comune è sedia dell'anima', Leonardo W. 19010r, quoted after Richter Literary Works §838.〔『レオナルド・ダ・ヴィンチの手記』下，杉浦明平訳，岩波

文庫，235 頁〕

2　ロイヤル・コレクション所蔵の解剖学スケッチ folio 2, recto より．

3　Martin Clayton and Ron Philo, *Leonardo da Vinci: The Mechanics of Man* (London: Royal Collection Trust, 2013).

4　Sonnet 2.〔ウイリアム・シェイクスピア「二」『シェイクスピアのソネット集』吉田秀生訳，南雲堂，6 頁〕

5　Iain Sinclair, *Landor's Tower* (London: Granta, 2002), p. 120.

6　Charles Bell, *Letters of Sir Charles Bell: selected from his correspondence with his brother, George Joseph Bell* (London: John Murray, 1870).

7　Charles Bell, *A System of Dissections* (Edinburgh: Mundell & Son, 1798).

8　M. K. H. Crumplin and P. Starling, *A Surgical Artist at War: the Paintings and Sketches of Sir Charles Bell 1809–1815* (Edinburgh: Royal College of Surgeons of Edinburgh, 2005).

9　Charles Bell, *Essays on the anatomy of the expression in painting* (London: John Murray, 1806). のちに *Essays on the anatomy and philosophy of expression as connected with the fine arts* (1844) として再刊．〔チャールズ・ベル『表情を解剖する』岡本保訳，医学書院〕

10　Charles Darwin, *The Expression of the Emotions in Man and Animals* (London: John Murray, 1872).〔チャールズ・ダーウィン『人及び動物の表情について』浜中浜太郎訳，岩波文庫，20 頁〕

11　原文はレオナルド・ダ・ヴィンチ『絵画論』からの著者による英訳で，1721 年刊のジョン・セネクス訳をおおむね取り入れたもの．

12　James D. Laird, 'Self-attribution of emotion: The effects of expressive behavior on the quality of emotional experience', *Journal of Personality and Social Psychology* 29(4) (April 1974), 475–86.

〔1〕「懐疑に生きる人――モンテーニュ」エマソン選集 6『代表的人間像』酒本雅之訳，日本教文社，110–1 頁

〔2〕『レオナルド・ダ・ヴィンチの手記』下，杉浦明平訳，岩波文庫，222 頁

〔3〕ヨハネによる福音書 13：21

〔4〕現代イギリスの小説家，詩人，映像作家．

〔5〕『人及び動物の表情について』，32 頁

〔6〕前掲書，421 頁

5　内耳

1　J. M. Epley, 'The canalith repositioning procedure: for treatment of benign paroxysmal positional vertigo', *Otolaryngol - Head and Neck Surgery* 107(3) (September 1992), 399–404.

〔1〕ディオゲネス・ラエルティオス『ギリシア哲学者列伝』中，加来彰俊訳，岩波文庫，54 頁．引用箇所の訳は訳者による．

7　心臓

1　Robin Robertson, 'The Halving', in *Hill of Doors* (London: Picador, 2013).

〔1〕 現代イギリスの小説家.
〔2〕 16～17世紀イングランドの解剖学者.

8　乳房

1　ブリジッド・コリンズ，2014年10月，私信.
2　『フリシュア』展はスコティッシュ・ポエトリー・ライブラリーにて2013年11月に開催された．図録が刊行されている（Polygon (Edinburgh: 2013)）.

〔1〕 18世紀スコットランドの詩人.「蛍の光」の作詞者として知られる.
〔2〕「シャンタのタム」『ロバート・バーンズ詩集』ロバート・バーンズ研究会編訳，国文社，291頁

9　肩

1　『イーリアス』より著者が引用，1898年刊のサミュエル・バトラー訳より.〔『イーリアス』(上)，呉茂一訳，平凡社，318-9頁〕
2　E. Apostolakis et al., 'The reported thoracic injuries in Homer's Iliad', Journal of Cardiothoracic Surgery 5 (2010), 114. A. R. Thompson, 'Homer as a surgical anatomist', *Proceedings of the Royal Society of Medicine* 45 (1952), 765–7 も参照.
3　P. B. Adamson, 'A Comparison of Ancient and Modern Weapons in the Effectiveness of Producing Battle Casualties', *Journal of the Royal Army Medical Corps* 123 (1977) 93–103.

〔1〕 ホメーロス『イーリアス』(下)，呉茂一訳，平凡社，377頁
〔2〕 前掲書（上)，317頁
〔3〕『ヒポクラテス全集』第2巻，大槻真一郎編集・翻訳責任，エンタプライズ，1000頁
〔4〕 ホメーロス『イーリアス』(上)，呉茂一訳，平凡社，241-7頁

10　手首と手

1　Edward Hagen, Peter Watson and Paul Hammerstein, 'Gestures of despair and hope: A view on deliberate self-harm from economics and evolutionary biology', 2008, philpapers.org.
2　J. Harris, 'Self-harm: Cutting the bad out of me', *Qualitative Health Research* 10 (2000), 164–73.
3　F. X. Hezel, 'Cultural patterns in Truckese suicide', *Ethnology* 23 (1984), 193–206.

4 A. Ivano , M. Brown and M. Linehan, 'Dialectical behavior therapy for impulsive self-injurious behaviors', in D. Simeon & E. Hollander (eds.), *Self-injurious behaviors: Assessment and treatment* (Washington DC: American Psychiatric Press, 2001).

5 Pierre Barbet, *Les Cinq Plaies du Christ*, (Paris: Procure du carmel de l'action de grâces, 1937).

6 Nicu Haas, 'Anthropological Observations on the Skeletal Remains from Giv'at ha-Mivtar', *Israel Exploration Journal* 20 (1970), 38–59.

7 Joseph Zias and Eliezer Sekeles, 'The Crucified Man from Giv'at ha-Mivtar: A Reappraisal', *Israel Exploration Journal* 35(1) (1985), 22–7.

8 C. J. Simpson, 'The stigmata: pathology or miracle?', *British Medical Journal* 289 (1984), 1, 746–8.

〔1〕『オーローラ・リー』桂文子訳，晃洋書房，第 7 巻，213 頁，v.820

〔2〕「雪」『ルイ・マクニース詩集』髙岸冬詩・道家英穂・辻昌宏編訳，思潮社，43 頁

〔3〕蛍光灯を内蔵した医療用ディスプレイ装置.

〔4〕「熱心な《ゼラス》」は「狂信者《ゼロット》」の形容詞形，「猛烈に《パシナトリ》」は「受難《パション》」の副詞形.

11 腎臓

1 Richard Eimas (ed.), *Heirs of Hippocrates* (Iowa City: University of Iowa Press, 1990): entry no. 137, GABRIELE DE ZERBIS (1445–1505), *Gerentocomia* [1489].

2 ヴェサリウスの傑作は『ファブリカ（人体の構造）』（1543 年）.

12 肝臓

1 Speech by Sir Toby Belch, *Twelfth Night*, Act III, Scene 2.〔サー・トウビー・ベルチの台詞，『十二夜』小津次郎訳，岩波文庫，第 3 幕第 2 場，80 頁〕

2 エゼキエル書 21：26.〔「テラフィム」は偶像の一種.〕

3 Marina Warner, 'How fairy tales grew up', *Guardian Review* (13 December 2014).

〔1〕グリム童話『しらゆきひめ』齋藤尚子訳，福武書店

〔2〕テラフィムも鏡も，何かの似姿《イメージ》を映すものという点で共通している.

〔3〕『しらゆきひめ』齋藤尚子訳，福武書店

13 大腸と直腸

1 Paul J. Silvia, 'Looking past pleasure: Anger, confusion, disgust, pride, surprise, and other unusual aesthetic emotions', *Psychology of Aesthetics, Creativity, and the Arts* 3(1) (February 2009), 48–51.

〔1〕 ジェイムズ・ジョイス『ユリシーズ④－⑥』柳瀬尚紀訳，河出書房新社，33-4 頁
〔2〕 18 ～ 19 世紀イギリスの画家．ロマン主義絵画を代表する．

14 生殖器

1 Mrs Jane Sharp, *The Midwives Book* (1671) は Thomas Laqueur, 'Orgasm, Generation, and the Politics of Reproductive Biology', in *The Making of the Modern Body: Sexuality and Society in the Nineteenth Century*, edited by Catherine Gallagher and Thomas Laqueur (Berkeley: University of California Press, 1992) が参照している．この章で掘り下げた着想の多くは，ラカー博士の論文に負うところが大きい．

2 Marquis de Sade, *La philosophie dans le boudoir* (1795).〔マルキ・ド・サド『閨房哲学』関谷一彦訳，人文書院，34 頁〕

3 Rachel Maines, *The Technology of Orgasm: 'Hysteria,' the Vibrator, and Women's Sexual Satisfaction* (Baltimore: Johns Hopkins University Press, 1999).〔レイチェル・P・メインズ『ヴァイブレーターの文化史』佐藤雅彦訳，論創社，23 頁〕

4 Giovanni Luca Gravina et al., 'Measurement of the Thickness of the Urethrovaginal Space in Women with or without Vaginal Orgasm', *The Journal of Sexual Medicine* 5(3) (March 2008), 610–18.

5 Ernst Grafenberg, 'The Role of the Urethra in Female Orgasm', *International Journal of Sexology* 3(3) (February 1950), 145–8.

6 Arthur Aikin (ed.), *The Annual Review and History of Literature for 1805, Volume IV* (London, 1806).

7 Carl Jung, 'Women in Europe', in *Collected Works of C. G. Jung, Volume 10: Civilization in Transition*, edited and translated by Gerhard Adler and R. F. C. Hull (Princeton University Press, 1970), p. 123.〔「ヨーロッパの女性」，ユング著作集 4『人間心理と宗教』浜川祥枝訳，日本教文社，279 頁〕

8 Avicenna's Canon 3:20:1:44.

9 John Sadler, *The Sicke Woman's Private Looking Glass* (London, 1636), p. 108.

10 *The Lancet*, 28 January 1843, p. 644.

11 Marie Stopes, *Married Love* (London: A. C. Fifield, 1919).〔マリー・ストープス『結婚愛』平井潔訳，理論社，135 頁〕

〔1〕『トリストラム・シャンディ』上，朱牟田夏雄訳，岩波文庫，38 頁
〔2〕『ヒポクラテス全集』第 2 巻，大槻真一郎編集・翻訳責任，エンタプライズ，499 頁
〔3〕 18 ～ 19 世紀イギリスの文人．
〔4〕「ヨーロッパの女性」，ユング著作集 4『人間心理と宗教』浜川祥枝訳，日本教文社，279 頁

〔5〕 欧米には超音波検査が卵子や胎児におよぼす影響を心配する人も少なくない.

15 子宮

〔1〕『草の葉』上，酒本雅之訳，岩波書店，240 頁

16 胞衣

1 Herodotus, *Histories* 3:38, in Aubrey de Selincourt's Penguin Classics Translation (Harmondsworth, 1954).〔ヘロドトス『歴史』上，松平千秋訳，岩波書店，巻 3：38，355 頁〕

2 E. Croft Long, 'The Placenta in Lore and Legend', *Bulletin of the Medical Library Association* 51(2) (1963), 233–41.

3 Charles Dickens, *David Copperfield* (London: Bradbury & Evans, 1850).〔チャールズ・ディケンズ『デイヴィッド・コパフィールド』1，石塚裕子訳，岩波書店，14 頁〕

4 James Frazer, *The Golden Bough*, third edition (Cambridge University Press, 2012), p. 194.〔J・G・フレイザー『金枝篇――呪術と宗教の研究 1 呪術と王の起源（上）』神成利男訳・石塚正英監修，国書刊行会，142 頁〕

5 Barbara Evans Clements, Barbara Alpern Engel and Christine Worobec (eds.), *Russia's Women: Accommodation, Resistance, Transformation* (Berkeley and Los Angeles: University of California Press, 1991), p. 53.

6 Seamus Heaney, 'Mossbawn', in Finders Keepers: Selected prose 1971–2001 (London: Faber & Faber, 2003).〔シェイマス・ヒーニー「モスボーン」『プリオキュペイションズ――散文選集 1968 ～ 1978』室井光広・佐藤亨訳，国文社〕

〔1〕『歴史』上，松平千秋訳，岩波書店，巻 3：38，355 頁
〔2〕「胞衣」はへその緒と胎盤の総称．胞衣の排出を「後産《あとざん》」という．
〔3〕胎児を包んでいる膜組織を卵膜といい，卵膜は三重になっていて，胎児側から順に羊膜，絨毛膜，脱落膜という．
〔4〕同書中では「大網膜」と訳してある．
〔5〕中村禎里『胞衣の生命』海鳴社を参照．
〔6〕現代イギリス，北アイルランドの詩人．
〔7〕シェイマス・ヒーニー『プリオキュペイションズ――散文選集 1968 ～ 1978』室井光広・佐藤亨訳，国文社
〔8〕ギリシャ神話の神で，天球を担いだ姿で描かれる．

17 腰

1 Italo Svevo, *La Coscienza di Zeno* (Milan: Einaudi, 1976), p. 109.〔イタロ・ズヴェーヴォ

「ゼーノの苦悩」『集英社版 世界の文学 1　ジョイス／ズヴェーヴォ』清水三郎治訳，集英社，164–5 頁〕

2　J. A. Grisso et al., 'Risk Factors for falls as a cause of hip fracture in women', *The New England Journal of Medicine* (9 May 1991), 1, 326–31.

3　数字は，Atul Gawande, *Being Mortal: Medicine and What Matters in the End* (London: Profile, 2014)〔アトゥール・ガワンデ『死すべき定め——死にゆく人に何ができるか』原井宏明訳，みすず書房〕より．

4　P. Haentjens et al., 'Meta- analysis: Excess Mortality After Hip Fracture Among Older Women and Men', *Annals of Internal Medicine* 152 (2010), 380–90.

5　ヤコブの物語を熟読するきっかけになったのは，Geoffey H. Hartman, 'The Struggle for the Text', from Geoffrey H. Hartman and Sanford Budick (eds), *Midrash and Literature* (London: Yale University Press, 1986), pp. 3–18.

6　Roland Barthes, 'The Struggle with the Angel', in *Image, Music, Text*, translated by Stephen Heath (Glasgow: Fontana Press, 1977)〔ロラン・バルト「天使との格闘」『物語の構造分析』花輪光訳，みすず書房〕．昔話の普遍的な問題については，ウラジーミル・プロップの論考も参照のこと．

〔1〕 創世記 32：27, 31–32

〔2〕 アラビア半島から北アフリカの，セム語族が用いられる文化圏のこと．

〔3〕 旧約聖書が書かれた古代ヘブライ語は，セム語族の言語になる．

〔4〕 創世記 49：33

18　足とその指

1　Virginia Woolf, 'The Elizabethan Lumber Room', in *The Common Reader* (London: The Hogarth Press, 1925).

〔1〕 ジェイムズ・R・ハンセン『ファーストマン』下，日暮雅道・水谷淳訳，ソフトバンククリエイティブ，284 頁

〔2〕 親指の付け根の下の，骨が丸くなっているところ．

〔3〕 皮をなめすのは防腐処理でもある．

〔4〕 西洋の葬祭業者は遺体の整復と防腐処理も行う．

エピローグ

〔1〕『草の葉』上，酒本雅之訳，岩波文庫，245 頁

著者略歴

(Gavin Francis, 1975-)

エディンバラ在住の医師，作家．医師として働きながら七大陸を踏破．著書に *True North: Travels in Arctic Europe* (Polygon 2008), *Empire Antarctica: Ice, Silence & Emperor Penguins* (Chatto & Windus 2012；スコティッシュ・ブック・オブ・ザ・イヤー受賞), *Shapeshifters: On Medicine & Human Change* (Profile Books 2018) がある．また，本書 *Adventures in Human Being* で英5紙誌のブック・オブ・ザ・イヤーを受賞した．

訳者略歴

鎌田彷月〈かまだ・ほうげつ〉翻訳者，校閲者．翻訳事典の編集者・校正校閲者を務めたのち，渡英．ニュース記事や評論などの執筆・翻訳，またCDライナーノーツの執筆と歌詞翻訳に従事．帰国後は校正校閲のかたわら，多くの書籍をゴースト訳・執筆．署名訳に『拷問の歴史——ヨーロッパ中世犯罪博物館』(共訳 河出書房新社 1997)，キャスリン・アシェンバーグ『図説 不潔の歴史』(原書房 2008)．

監修者略歴

原井宏明〈はらい・ひろあき〉BTC東京・精神科医．ハワイ大学臨床准教授．精神科専門医．精神保健指定医．日本認知行動療法学会理事・専門行動療法士．日本動機づけ面接協会代表理事．1984年岐阜大学医学部卒業，ミシガン大学文学部に留学．国立肥前療養所，国立菊池病院，なごやメンタルクリニックを経て，現職．著書『図解 やさしくわかる強迫性障害』(共著 ナツメ社 2012)『うつ・不安・不眠の薬の減らし方』(秀和システム 2012) ほか．訳書 アトゥール・ガワンデ『医師は最善を尽くしているか』『死すべき定め』(いずれもみすず書房 2013，2016) ほか．

ギャヴィン・フランシス
人体の冒険者たち
解剖図に描ききれないからだの話
鎌田彷月 訳
原井宏明 監修

2018年 7月17日 第1刷発行
2018年10月25日 第3刷発行

発行所 株式会社 みすず書房
〒113-0033 東京都文京区本郷2丁目20-7
電話 03-3814-0131(営業) 03-3815-9181(編集)
www.msz.co.jp

本文組版 キャップス
印刷・製本 図書印刷

Printed in Japan
ISBN 978-4-622-08717-5
[じんたいのぼうけんしゃたち]

失われてゆく、我々の内なる細菌	M. J. ブレイザー 山本 太郎訳	3200
人はなぜ太りやすいのか 肥満の進化生物学	M. L. パワー／J. シュルキン 山本 太郎訳	4200
免疫の科学論 偶然性と複雑性のゲーム	Ph. クリルスキー 矢倉 英隆訳	4800
ヒトの変異 人体の遺伝的多様性について	A. M. ルロワ 上野直人監修 築地誠子訳	3800
エイズの起源	J. ペパン 山本 太郎訳	4000
ジェネリック それは新薬と同じなのか	J. A. グリーン 野中香方子訳	4600
生殖技術 不妊治療と再生医療は社会に何をもたらすか	柘植あづみ	3200
不健康は悪なのか 健康をモラル化する世界	メツル／カークランド編 細澤・大塚・増尾・宮畑訳	5000

(価格は税別です)